我国工程造价咨询"走出去"对策研究

中国建设工程造价管理协会
中国建设银行股份有限公司　　著
建银工程咨询有限责任公司

中国建材工业出版社

图书在版编目（CIP）数据

我国工程造价咨询"走出去"对策研究/中国建设
工程造价管理协会，中国建设银行股份有限公司，建银工
程咨询有限责任公司著 . --北京：中国建材工业出版社，
2020.6

ISBN 978-7-5160-2741-7

Ⅰ.①我… Ⅱ.①中… ②中… ③建… Ⅲ.①工程造
价—咨询业—研究—中国 Ⅳ.①TU723.3

中国版本图书馆 CIP 数据核字（2019）第 269218 号

我国工程造价咨询"走出去"对策研究

Woguo Gongcheng Zaojia Zixun "Zouchuqu" Duice Yanjiu

中国建设工程造价管理协会

中国建设银行股份有限公司　　著

建银工程咨询有限责任公司

出版发行：中国建材工业出版社

地　　　址：北京市海淀区三里河路1号

邮　　编：100044

经　　销：全国各地新华书店

印　　刷：北京中科印刷有限公司

开　　本：710mm×1000mm　1/16

印　　张：6.25

字　　数：110千字

版　　次：2020年6月第1版

印　　次：2020年6月第1次

定　　价：**40.00元**

主要著作人员

程远国　中国建设银行总行

张兴旺　中国建设工程造价管理协会

黄先俊　建银工程咨询有限责任公司

田建明　中国建设银行总行

梁　蒂　中国建设银行总行

王瑞玢　建银工程咨询有限责任公司

董劲松　四川开元工程项目管理咨询有限公司

吕　伟　中国建设银行北京市分行

宋山城　中国建设银行天津市分行

李玉新　中国建设银行大连市分行

杨　珂　中国建设银行上海市分行

承思宇　中国建设银行上海市分行

何　捷　中国建设银行上海市分行

贾泽存　中国建设银行总行

李　航　中国建设银行总行

宁德保　中国建设银行总行

董津歌　中国建设银行总行

陶　雷　中国建设银行总行

谭　鑫　建银工程咨询有限责任公司

梁国康　建银工程咨询有限责任公司

崔玮隆　建银工程咨询有限责任公司

张　雯　建银工程咨询有限责任公司

奚兵兵　建银工程咨询有限责任公司

达琳娜　建银工程咨询有限责任公司

刘炯成　建银工程咨询有限责任公司

　　改革开放四十年来，特别是加入世界贸易组织期间，我国综合国力、国际影响力显著提升。中国企业"走出去"的步伐不断加快，对外合作需求日趋旺盛。随着我国经济的快速发展，对外开放进入了新的时期，"走出去"已成为我国扩大对外开放的一个重要表现形式。党的十九大明确指出"要以一带一路建设为重点，坚持引进来和走出去并重"，强化了"走出去"战略实施的重要意义，进一步丰富了我国对外开放的内涵，成为中国企业"走出去"进入新阶段的标志，这一战略构想更是高度契合了经济全球化的发展趋势。

　　在"走出去"的相关产业中，建筑业尤为重要。2017 年，国务院办公厅发出《关于促进建筑业持续健康发展的意见》（国办发〔2017〕19 号文）中提出要"加快建筑业企业'走出去'""培育一批具有国际水平的全过程工程咨询企业"。这为建筑企业"走出去"提供了坚实的政策保障。

　　对于我国造价咨询企业而言，自身发展与建筑业的整体发展密切相关。伴随着建筑业企业"走出去"，造价咨询企业"走出去"也是大势所趋。我国造价咨询企业将结合专业特长，依托自身成熟的专业经验和高效的服务理念，为"走出去"的中国企业提供工程造价咨询综合解决方案，助力其行稳致远，并通过在国际舞台上的优质服务，吸引更多国外客户成为业务合作伙伴。同样，只有通过"走出去"，才能认清我们与国际领先企业的差距，在取长补短中促进自身的发展与进步。

尽管我国工程造价咨询企业"走出去"呈现快速发展态势，但总体来看仍处于起步阶段，与世界上成熟的跨国咨询机构相比，与国际通用做法接轨、具备较强国际化竞争力的国内工程造价咨询企业仍然屈指可数。造价咨询企业"走出去"机遇与挑战并存。复杂多变的国际环境、文化壁垒、法律法规、制度标准差异以及国际化人才缺乏等问题都会成为我国工程造价咨询企业实现顺利"走出去"的羁绊。因此，如何系统甄别制约我国工程造价咨询企业"走出去"的不利因素，并据此制定有效的"走出去"对策，是当前我国工程造价咨询企业"走出去"迫切需要思考和解决的问题，具有重要的理论价值和实践意义。

在这样的背景下，为进一步提升工程造价咨询行业竞争力，推动国内工程造价咨询企业更好地"走出去"，住房城乡建设部标准定额司先后组织开展了《工程造价咨询企业国际化战略》《国际工程项目管理咨询模式研究》等前瞻性课题，为工程造价咨询"走出去"进行了前期研究。在此基础上，委托中国建设银行股份有限公司组织内外部专家开展《我国工程造价咨询"走出去"对策研究》课题研究。本书正是此课题研究的重要学术成果。

本书结合国内外工程造价咨询行业发展现状，剖析了我国工程造价咨询企业"走出去"面临的问题，论证了其"走出去"战略实现的内外部条件，从政府、行业、企业等三个层面提出了相关策略建议。与过往的研究成果相比，本书既保持了工程造价咨询企业"走出去"研究领域的共性，又提出了许多建设性策略和建议，内容详实、案例生动，是造价咨询企业"走出去"对策研究领域的一次新突破。本书从深度和广度上进一步拓展了工程造价咨询企业"走出去"研究的内涵与外延，为后续研究开辟了广阔的空间，尤其在构建"走出去"战术路径和化解风险层面，取得了创新成果。相信本书的出版能够为工程造价咨询企业"走出去"提供策略指引和技术支撑。

党的十九大作出中国特色社会主义进入了新时代重大政治判断。我国经济已由高速增长阶段转向高质量发展阶段，工程造价咨询行业以往量质不均衡的发展方式已经不能适应当前形势，转型升级、提质增效、加快实现增长动力的转换是保持行业持续发展的必然要求。习近平总书记曾经指出"标准决定质量，有什么样的标准就有什么样的质量，只有高标准才有高质量"。要推动和实现工程造价咨询行业高质量发展，就需要与之相配套的高标准。在全球化趋势的背景下，工程造价咨询行业要通过扩大开放引进先进技术、标准和管理经验，提升产品和服务品质，推动中国标准与国际先进水平接轨，进一步为中国企业"走出去"拓宽道路，助推"一带一路"倡议的实施。

最后，诚挚希望有志于"走出去"的我国工程造价咨询企业未来在国际市场强化协同，充分交流分享技术和管理方面的宝贵知识和经验，共谋发展，共促进步，进一步助力增强我国建筑业的国际竞争力。也祝愿"中国标准"和"中国方案"在更多国家落地生根。

目 录 CONTENTS

第3章　我国工程造价咨询现状、问题和SWOT分析

第4章　我国工程造价咨询"走出去"风险及实现路径分析

第5章　我国工程造价咨询"走出去"战略实现策略建议

第6章　结论与展望

第1章 引 言

1.1 研究背景

改革开放 40 多年来,我国与国际秩序的关系发生了巨大的变化,概括地说,我国迄今走过了三个阶段。第一阶段是"请进来",主要发生在 20 世纪 80 年代到 90 年代初。改革初期,以"邓小平南巡讲话"为契机,我国实施了对外开放政策,向世界敞开大门。第二阶段是"接轨",发生在我国加入世界贸易组织的过程中,即 90 年代后期。为了加入世界贸易组织,我国下大力气对各种法律、制度和政策进行了大规模的调整,以符合国际规范。第三阶段是"走出去",加入世界贸易组织可以说是我国大规模"走出去"的起点。经过 40 年高速发展,2017 年我国GDP 已到 82.71 万亿元,工业发展较为迅速,服务业逐渐健全,为我国实施"走出去"战略奠定了基础。建筑业贯穿投资和贸易两条主线,具有生产驱动和采购驱动双重特征,是实施"走出去"战略的排头兵。

"十二五"期间,我国对外工程承包保持了良好的增长态势,营业额年均增长率达 9.3%,新签合同额年均增长率达到 10.8%。随着国家"一带一路"倡议、"去库存、去产能"和

“转型升级、创新发展”等重大战略的实施，2016 年，我国对外承包工程新签合同额 2440 亿美元，同比增长 16.2%；2017 年，对外承包工程新签合同额达到 2653 亿美元，同比增长 8.7%。目前，我国对外工程承包仍继续保持较高增速，业务规模不断扩大，进入国际工程承包前列的企业数量明显增多，国际竞争能力不断提升。

我国企业对外直接投资量实现连续 10 年增长。2017 年，由全球化智库（CCG）研究编写、中国社会科学院社会科学文献出版社出版的企业国际化蓝皮书——《中国企业全球化报告（2017）》（简称《报告》）在北京发布。《报告》显示，在全球经济复苏乏力、对外直接投资下滑的形势下，2016 年我国企业对外直接投资 1830 亿美元，同比增长 44%，是全球第二大对外投资国，连续两年进入资本净输出国行列。

当前，我国经济发展进入新常态，增速相对放缓，结构优化升级，新型城镇化、京津冀协同发展、长江经济带发展和“一带一路”建设，将形成建筑业未来发展的重要推动力和宝贵机遇。为此，《国务院办公厅关于促进建筑业持续健康发展的意见》（国办发〔2017〕19 号文）明确提出，要加快建筑业企业“走出去”的步伐，到 2025 年，争取与大部分“一带一路”沿线国家签订双边工程建设合作备忘录，同时争取在双边自贸协定中纳入相关内容，推进建设领域执业资格国际互认。综合发挥各类金融工具的作用，重点支持对外经济合作中建筑领域的重大战略项目。借鉴国际通行的项目融资模式，按照风险可控、商业可持续原则，加大对建筑业“走出去”的金融支持力度。

住房城乡建设部《建筑业发展“十三五”规划》也明确提出，建筑业要坚持统筹国内、国际两个市场，对内坚持建立统一开放的建筑市场，消除市场壁垒，营造权力公开、机会均等、规则透明的建筑市场环境；对外以"一带一路"倡议为引领，发挥我国建筑业企业在高速铁路、公路、电力、港口、机场、油气长输管道、高层建筑、石油化工、核电工业等工程建设方面积累的优势，培育一批在融资、管理、人才、技术装备等方面核心竞争力强的大型骨干企业，加大市场拓展力度，提高国际市场份额，打造"中国建造"品牌。发挥融资建设优势，带动技术、设备、建筑材料出口，加快建筑业和相关产业"走出去"的步伐。鼓励中央企业和地方企业合作，大型企业和中小型企业合作，共同有序开拓国际市场。引导企业有效利用当地资源拓展国际市场，实现更高程度的本土化运营。

2016 年以来，住房城乡建设部先后组织编制了《工程造价咨询企业国际化战略》及《国际工程项目管理咨询模式研究》等文件，对我国工程造价咨询"走出去"进行了专题研究，为工程造价咨询"走出去"奠定了理论基础。以"一带一路"倡议为引领，以项目、资金、技术"走出去"为发展契机，鼓励工程造价企业开拓国际市场，通过重点扶持一批大型工程造价企业"走出去"，并探索通过新设、收购、合并、合作等公司运作方式参与国际咨询市场竞争，推动企业提高属地化经营水平，实现与项目所在国家和地区互利共赢尤显必要。

1.2 研究意义

1.2.1 为工程造价行业结构调整和产业升级提供发展方向

十九大定义新时代我国社会的主要矛盾是人民日益增长的美好生活需要和不平衡不充分的发展之间的矛盾。我国经济发展将从过去依靠廉价的劳动力和土地供给、透支环境资源所实现的粗放型规模扩张的发展方式向依靠质量、提高效益型转变，这将成为我国经济发展的"新常态"。就建筑业的新常态而言具有以下新特点：

一是发展增速放缓。建筑业依赖国家固定资产投资拉动的高速增长已经成为历史，企业追求规模效益的时代已经结束，产业的供求矛盾将更加突出。二是行业无序竞争的局面正在扭转，市场回归理性，企业将面临诚信与严管等新的考验。三是企业在转型中寻求新的经济增长点，商业模式与服务内涵将逐步发生变化。四是建筑人力成本持续增高，高素质的工程技术、管理人才和劳务将成为市场上的稀缺资源。

住房城乡建设部《2014—2017 年工程造价咨询统计公报》显示，2014 年全国共有 6931 家工程造价咨询企业，2015 年共有 7107 家工程造价咨询企业，比上年增长 2.54%；2016 年共有 7505 家工程造价咨询企业，比上年增长 5.6%，其中，甲级工程造价咨询企业 3381 家，比上年增长 11.92%。而近几年，国内工程造价咨询行业总体市场需求减少、企业之间市场竞争更加激烈、市场的增速放缓，使得工程造价服务行业"产能过剩"逐步显现，这些都困扰着工程造价咨询企业和咨询从业人员。工程造价咨询服务也面临"深化供给侧结构性改革"的需要，工程造价咨询服务也需要坚持"新发展理念"。在工程造价咨询业务国内市场趋于饱和的时期要维持中高速发展，就必须寻求"走出去"的发展思路，积极开拓海外市场。研究造价咨询行业"走出去"，是解决国内造价咨询市场结构调整和产业升级的一个探索方向。

1.2.2 为工程造价咨询在海外市场拓展提供战略指引

近年来，随着我国工程建设技术水平的日臻成熟，以及我国

"一带一路"倡议的实施和亚洲基础设施投资银行等机构的组建和运作，我国企业在海外建设工程市场的份额迅速增加、特别是影响力在进一步提升，五大国际基建项目：中欧班列、亚洲火车网络、中巴经济走廊、科伦坡港和非洲项目中表现突出。"一带一路"沿线绝大多数国家为发展中国家，基础设施体系相对落后；在"一带一路"倡议指引下，国内的外向型企业将迎来新一轮对外项目投资承揽高峰。根据中金公司预测，未来十年我国在"一带一路"沿线国家总投资规模有望达到 1.6 万亿美元。这将为我国造价咨询企业创造出巨大的海外基础设施投资咨询的市场需求，尤其是交通、能源、通信等领域，市场机遇巨大。研究工程造价咨询"走出去"，有助于我国造价咨询行业早日走向国际化，参与国际市场竞争，不断提升国际竞争力。

1.2.3 为培育具有国际竞争力的工程造价咨询企业提供参考

近年来，我国完成的大型工程、特殊工程相对较多，如长江三峡工程、青藏铁路、西气东输、西电东送等，这些工程的建设都为我国造价咨询企业提供了锻炼的机会。

我国工程造价咨询企业大多数成立不足 20 年，开展跨国经营，有助于在国际市场中得到锻炼和成长，培育出与经济大国相匹配的咨询公司；同时，"走出去"可以锻炼各类人才，提升人员整体素质。同时，走出境外，还可以向世界传播中华文化，扩大我国的国际影响。因此，抓住国家大力推动"一带一路"倡议的历史机遇，可以在输出资本、设备、劳务的同时输出管理理念；提高造价咨询企业的国际竞争力的同时，促使我国造价咨询企业向大型综合国际造价咨询机构转变。本书通过研究我国造价咨询"走出去"策略，为造价咨询企业走向国际提供借鉴与参考。

1.3　研究范围界定

根据《工程造价咨询企业管理办法》（2015 年 5 月 4 日修正版），我国工程造价咨询是指企业接受委托，对建设项目投资、工程造价的确定与控制提供专业咨询服务。根据《工程造价咨询企业管理办法》的表述，当前市场中的一些工程造价咨询公司、工程咨询公司、设计院、监理公司等都开展相关造价咨询业务，并拥有工程造价咨询企业的甲级或乙级资质，这些企业都可以认定为工程造价咨询企业。本书所指的工程造价咨询业务不区分专营和兼营，既可以是专营的造价咨询企业，也可以是兼营的设计院、工程咨询公司、研究院、监理公司等。

我国工程造价咨询"走出去"是指造价咨询企业将业务布局到海外，利用国际市场资源，实现跨国经营或海外经营，承揽海外工程造价咨询相关业务。

第2章 国际工程造价咨询发展现状分析

本章主要内容为国际工程造价咨询发展现状，通过分析英、美等发达国家以及"一带一路"沿线国家新加坡的工程造价咨询行业发展现状，了解国际上工程造价咨询行业发展状况及通行做法，为我国工程造价咨询实施"走出去"战略提供借鉴与参考。

2.1 国际工程造价咨询发展现状

工程造价咨询行业在西方发达国家已有上百年的历史，其伴随着市场经济的发展而发育成熟。在市场经济高度发达的国家，工程造价咨询行业的管理按照市场经济规律运行，有较为完善的法律体系，实行政府宏观调控、行业高度自律的管理体制；具有完备的个人执业资格管理制度，并依靠对专业人士的管理，实现市场准入和退出。

国际社会较有代表性的工程造价咨询企业有两种类型：一是美国工程造价事务所，二是英国工料测量师行。美国拥有世界最为发达的市场经济体系，其建筑业也十分发达，具有投资多元化、高度现代化、智能化等特点，美国的工程造价是建立在高度发达的市场经济基础之上的。英国是工业革命运动的发起国，对世界经济发展产生了深远而广泛的影响，英国的工程造价咨询发展模式至今仍为英联邦国家或地区，如澳大利亚等地所广泛采用。我国香港特别行政区也采用英国的工程造价咨询发展模式。以下内容将从产权结构、经营模式、服务范围、公司管理模式、从业人员素质要求、群体知识积累和共享、信息化技术应用等方面介绍国外工程造价咨询行业的发展现状。

2.1.1 产权结构

国外工程造价咨询公司，具有多元化产权主体，且多数具有原发性和派生性，在市场竞争和发展中不断进行兼并、重组。发达国家和地区的工程造价咨询企业成立初期多为合伙制或个人执业制，在市场竞争中自我发展，通过自发性兼并或合并的形式，形成和设立各地分支机构，进而发展成为国际性咨询公司。合伙制是国外工程造价咨询企业的典型产权结构，国际性大公司的股权掌握在各国合伙人手里，这些合伙人分布在各个地区，既是股东，又是业务经理和咨询专家。工程造价咨询企业对执业人员管理较为严格，具有执业资格注册证书的人员才可从事造价咨询工作，咨询人员达到一定实力和经验，有机会晋升为合伙人。

近年来，随着国外企业理论和实践的不断探索，一种新型的工程造价咨询企业组织形式开始出现，即合伙公司制，也叫有限合伙制。有限合伙制是由普通合伙人和有限合伙人组成，普通合伙人对合伙企业债务承担无限连带责任，有限合伙人以其认缴的出资额为限对合伙企业债务承担责任，这种体制在美国较为流行。

2.1.2 经营模式

1）专业专营性。经过长期的市场细分和行业分化，发达国家和地区从事工程造价咨询业务的企业，主要是专业专营化的工程造价咨询机构，这些咨询机构中，专业人士只在自身擅长的造价咨询领域提供专业咨询建议。经过长期的专业服务，工程造价咨询机构积累了大量的工作经验，培养了大批的专业人才，更有利于保障工程造价咨询的质量，防范专业风险。

2) 经营独立性。工程造价咨询企业既不隶属于国家政府部门，也不依附于其他经济实体，具有经营独立性，其公正性较好；且造价咨询企业可通过投保专业责任险，提高企业自身的风险承担能力及行业信誉度。

2.1.3　服务范围

国外的工程造价咨询行业已处于较成熟的阶段，提供的咨询服务具有多元化、全程化的特点，业务范围既宽又深，一般对委托方提供以造价咨询为龙头的全方位、全过程的工程咨询服务，与整个工程建设进程结合较紧密。

（1）美国工程造价咨询业服务范围：项目可行性研究与投资估算编制、分析、评价；设计阶段工程造价及预算编制、评价；招标代理；工程造价的预测、研究；专业人才培训；工程造价管理软件开发等。

（2）英国工料测量服务范围：预算咨询、可行性研究、成本计划和控制、通货膨胀趋势预测；就施工合同的选择提供咨询，帮助选择承包商；建筑采购、招标文件的编制；投标书的分析与评价，标后谈判，合同文件的准备；在工程进行中的定期成本控制，财务报表，变更成本估计；已竣工工程估价，决算，合同索赔的保护；与基金组织的协作；成本重新估计；对承包商破产或被并购后的应对措施；财务管理等。

（3）日本工程造价咨询服务范围：可行性研究、投资估算、工程量计算、单价调查、工程造价细算、标底价编制与审核、招标代理、合同谈判、变更成本计算、工程造价后期控制与评估等。

2.1.4 公司管理模式

国际上工程造价咨询企业在各地区的组织结构本质上基本一致，仅仅在各地区公司的规模、特点、名称及其具体部门划分上略有差别，可以概括为一种扁平化矩阵式组织结构。这种扁平化的组织结构已经摆脱了传统的层级结构，是围绕工作流程而不是职能部门建立组织结构，具有充分自主权，以任务为导向的工作小组是其基本的构成单元，管理层较少，信息传递快，失真少，有利于提高管理效率；公司高层的信息与指令传递层级减少，便于高层领导和基层人员直接沟通，容易实现知识的共享和反馈。

此外，扁平化矩阵式组织结构也有利于公司的地域扩张。大多数国际工程造价咨询公司的董事分为国际董事和当地董事两种，国际董事和当地董事都是由公司内部员工晋升而来，如果内部员工业绩比较突出，具有较强的技术能力和人际交往能力，就可以晋升为董事。分公司有独立的权力，公司总部往往给外派人员很大权力，较少通过中央控制系统去约束，总部不会过多加以干预。分公司注重当地化发展，新成立的分公司更倾向于发展本地人做管理层，努力做到与本地环境融合，有利于业务的拓展。

2.1.5 从业人员素质要求

工程造价的社会服务是一种智力密集型的高层次管理服务，要求从业人员具有较高的素质并严格遵守相应的职业道德。国外非常重视工程造价管理人才的培养，对从事工程造价咨询工作人员的资格审查也比较严格。资格审查、执业资格考试和注册登记是获取执业资格的三道严格手续，造价咨询工程师的注册资格考试分为面试和笔试两种形式。此外，国外对工程造价人员管理和培养除了有严格的注册制度和资格审查外，还在高等院校设置工程造价管理专业，培养该领域专业人才。

2.1.6　群体知识积累和共享

对于群体知识、经验积累和共享，国外工程造价咨询企业尤为重视，他们通过现代信息技术对知识经验进行总结和提炼，以此来打造自身的核心竞争力。大多数国外工程造价咨询企业都会建立咨询案例数据库等相关信息网，有些大企业甚至还设立了工程咨询中心或是产业知识中心等研究机构，加大对新方法、新观念的研发力度。

2.1.7　信息化技术应用情况

1）工程造价的管理信息系统。国外工程造价咨询公司十分重视资料的积累和信息的反馈，这些信息是建筑产品估价和结算的主要依据，是建筑市场价格变化的标志。这些公司通过掌握大量已完工程的资料，建立工程造价资料数据库，及时获得信息的反馈，来正确分析和判断工程造价的发展趋势，预测工程造价。工程造价信息的发布往往采用价格指数、成本指数的形式，同时对投资建筑面积等信息进行收集发布。

2）建筑信息模型（Building Information Modeling，简称BIM）。以建筑工程项目的各项相关信息数据作为基础，建立起三维的建筑模型，通过数字信息仿真模拟建筑物所具有的真实信息。它具有完备性、关联性、一致性、可视化、协调性、模拟性、优化性和可出图性八大特点。将建设单位、设计单位、咨询单位、施工单位、监理单位等项目参与方集中在同一平台上，共享同一建筑信息模型，利于项目可视化、精细化建造。BIM 的概念最早在 20 世纪 70 年代就已经提出，从提出到逐步完善，再到工程建设行业的普遍接受，经历了几十年的时间。经过长期的实践，BIM 在美国逐渐成为主流，并对包括中国在内的其他国家的 BIM 实践产生影响。如今，BIM 应用在国外已经相当普及。

3）地理信息系统（Geographic Information System 或 Geo‑Information System，简称 GIS）。GIS 是一门综合性学科，结合地理学与地图学以及遥感和计算机科学，已经广泛应用在不同领域，适用于输入、存储、查询、分析和显示地理数据的计算机系统。GIS 也是一种基于计算机的工具，它可以对空间信息进行分析和处理（简而言之，是对地球上存在的现象和发生的事件进行成图和分析）。GIS 技术把地图这种独特的视觉化效果和地理分析功能与一般的数据库操作（例如查询和统计分析等）集成在一起，利用地理信息系统数据库，通过一系列决策模型的构建和比较分析，可为国家宏观决策提供依据。例如系统支持下的土地承载力的研究，可以解决土地资源与人口容量规划之间的难点。借助地理信息系统，可对前期项目选址、地理环境分析起到重要作用。

4）虚拟现实技术（Virtual Reality，简称 VR）。VR 是仿真技术与计算机图形学、人机接口技术、多媒体技术、传感技术、网络技术等多种技术集合，主要包括模拟环境、感知、自然技能和传感设备等方面。以房地产开发为例，VR 技术可对项目周边配套、红线以内建筑和总平面图、内部业态分布等进行详细剖析展示，由外而内表现项目的整体风格，并可通过鸟瞰、内部漫游、自动动画播放等形式对项目逐一展示。

2.1.8 海外工程政策支持

对于本国工程造价咨询企业承接海外工程，许多发达国家政府部门都提供了政策、法律等方面的保障与支持。如多数发达国家都建立起了职业保险制度，为承接国际工程的咨询企业提升信用等级和风险承担能力；英国政府专门设立海外工程基金，为企业垫付一定比例的投标报价费用；法国政府成立专门负责海外工程的咨询事务局，为咨询机构服务。美国、日本政府在税收方面对咨询机构予以优惠和支持。

2.2　美国工程造价咨询发展分析

2.2.1　美国工程造价咨询特点

1）完全市场化的工程造价管理模式。美国没有全国统一的工程造价计价依据和标准，各级政府部门负责制定各自管辖的政府投资工程相应的计价标准；承包商需根据自身积累的经验进行报价；工程造价咨询企业则依据自身积累的造价数据和市场信息，协助业主和承包商对工程项目提供全过程、全方位的管理与服务。

2）具有较完备的法律及信誉保障体系。美国工程造价管理是建立在相关的法律制度基础上的。例如：在建筑行业中对合同的管理十分严格，合同对当事人各方都具有严格的法律制约，即业主、承包商、分包商、提供咨询服务的第三方之间，都必须采用合同的方式开展业务，严格履行相应的权利和义务。同时，美国的工程造价咨询企业自身具有较为完备的合同管理体系和完善的企业信誉管理平台，各个企业视自身的业绩和荣誉为企业长期发展的重要条件。

3）具有较成熟的社会化管理体系。美国的工程造价咨询行业主要依靠政府和行业协会的共同管理与监督，实行"小政府、大社会"的行业管理模式。美国的相关政府管理机构对整个行业的发展进行宏观调控，更多的具体管理工作主要依靠行业协会，由行业协会更多地承担对专业人员和法人团体的监督和管理职能。

4）拥有现代化的管理手段。在美国，信息技术在建筑业得到了广泛的应用，这不仅极大地提高了工程项目参与各方之间的沟通、文件传递等的效率，还及时、准确地提供了市场信息；同时也大大提高了工程造价咨询企业收集、整理和分析各种复杂、繁多的工程项目数据的能力和效率。美国的建筑业，包括造价咨询行业在内的管理体系均采用了先进的计算机技术与现代网络技术手段：美国 BIM 国家标准于 2006 年发布，其 BIM 应用已经十分规范，凡是政府投资项目必须全面应用 BIM 技术。

2.2.2　美国工程造价咨询行业管理及相关标准

1）造价咨询市场准入

美国的工程造价管理（成本管理）贯穿于工程建设的立项、设计、招投标、施工、竣工验收等阶段的全过程。美国造价工程师的服务甚至延伸至"工程进度计划与调度""索赔管理"等专业要求很高的分支领域。在英国、中国等国家的造价咨询业中，"工程进度计划与调度"这项与工程技术密切相关的工作一般不属于工料测量师或造价工程师的专业服务内容，通常是由项目经理或监理工程师执行该项任务。而美国把这项服务划入了造价工程师的工作范围内，并且 AACE 还有与之对应的注册资格证书："注册计划与调度工程师〔Planning & Scheduling Professional（PSP）〕"，对于"索赔管理"也有一个注册资格证书："注册索赔工程师〔Certified Forensic Claims Consultant（CFCC）〕"。

在美国，工程造价咨询行业对咨询企业没有资质要求，成立造价咨询事务所比较容易，但对执业的人员有资格要求。美国造价工程师的资格认证由美国的国际造价全面管理促进会（前身为美国国家级造价工程师协会）提供两种认证：认证造价工程师（CCE）和认证造价咨询师（CCC），两者的区别仅在于学历背景和工作经验的差异。学历和工作经验要求：申请造价工程师认证的必须有至少 8 年的执业经历，其中 4 年可以由工程学位或专业工程师执照来代替；申请造价咨询师的必须有至少 8 年的职业相关经验，其中 4 年可以由相关学科 4 年的学位来代替技术论文的提交。同时，申请人还必须以成功地通过一个书面考试并准备一篇关于全面造价管理的技术论文来证明自己获得的知识。书面考试为 6 小时，得分率必须在 70% 以上，论文必须由认证委员会审核通过。两种获证途径如图 2-1 所示：

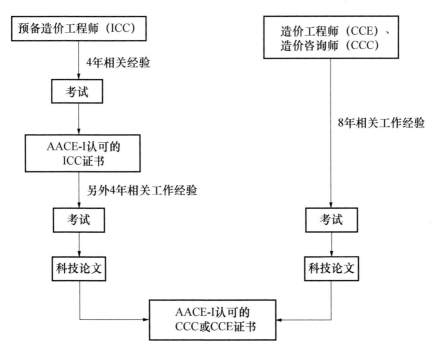

图 2-1　美国获得 CCC、CCE 资质的两种途径

2）造价咨询实施和行业管理

美国政府投资项目和私人投资项目采取不同的管理方式。对政府的投资项目采用两种方式：一是由政府设专门机构对工程进行直接管理。美国各地方政府、州政府、联邦政府都设有相应的管理机构，专门负责管理政府的建设项目。二是通过公开招标委托承包商进行管理。美国法律规定所有的政府投资项目除特定情况下（涉及国防、军事机密等）都要采用公开招标。但对项目的审批权限、技术标准（规范）、价格、指标等都做出了特殊的规定，确保项目资金不超过审批的金额。美国政府对私人项目投资方向的控制有一套完整的项目或产品目录，明确规定私人投资者的投资领域，并采用经济杠杆如价格、税收、利率、信息指导、城市规划等来引导和约束私人投资方向和领域。政府通过不定期发布信息，使私人投资者了解市场状况，尽可能使投资项目符合经济发展的需要。

美国联邦政府没有主管工程造价咨询业的专门政府部门，工程造价咨询业完全由行业协会管理。工程造价咨询业与多个行业协会有关，如美国土木工程师协会、总承包商协会、建筑标准协会、工程咨询业协会、国际工程造价促进会等。

美国政府对工程造价的管理主要采用间接手段。政府投资项目由财政部门依据不同类别工程的面积和造价指标，以及通货膨胀对造价的影响等因素确定投资额，各部门在核定的建设规模和投资额范围内组织实施，不得突破；对于私人投资项目，政府一般采取不干预的方法，主要是进行政策和信息指导，由市场经济规律调节。

3）对工程造价咨询企业的政策支持

美国政府对于本国工程造价咨询企业的支持主要体现在税收及相关扶持政策方面，主要包括：以减免所得税形式，倡导企业开展咨询业务；对非营利性工程咨询机构减免税收以及出台刺激工程咨询企业需求的扶持政策等。

2.3　英国工程造价咨询发展分析

英国是世界上最早出现工程造价咨询行业并成立相关行业协会的国家。英国的工程造价管理至今已有近 400 年的历史。在世界近代工程造价管理的发展史上，作为早期世界强国的英国，由于其工程造价管理发展较早，且其联邦成员国和地区分布较广，时至今日，其工程造价管理模式在世界范围内仍具有较强的影响力。

2.3.1　英国工程造价咨询特点

1）工料测量师（Quantity Surveyor）的作用。无论在政府工程还是在私人工程中，亦无论是采用传统的项目管理模式，还是非传统的模式，均有工料测量师的参与。一是受雇于业主或作为业主代表的，称为"工料测量师"（Quantity Surveyor），或称做业主的估价顾问；二是受雇于承包商，习惯上称为"估价师"（Estimator）或称为承包商测量师。工料测量师的资格确认和培训工作由英国皇家特许测量师学会负责。工料测量师分为普通和高级两个职称，两者都是由皇家特许测量师学会经过严格程序而授予的。在英国，工料测量师被认为是工程建设经济师，在工程建设全过程中，按照既定工程项目确定投资，在实施的各个阶段、各项活动中控制造价，使最终价不超过规定投资额。不论受雇于政府还是企业或事业单位，工料测量师都具有较高的社会地位。

2）统一的工程量标准计量规则（NRM）。英国没有类似我国的定额体系，工程量的测算方法和标准都是由专业学会或协会负责。因此，由英国皇家测量师学会（RICS）组织制定的《新建筑工程工程量计算规则》（NRM）作为工程量计算规则，是参与工程建设各方共同遵守的计量、计价的基本规则，在英国及英联邦国家被广泛应用与借鉴。此外，英国土木工程学会（ICE）还编制有适用于大型或复杂工程项目的《土木工程工程量计算规则》（CESMM）。

2.3.2　英国工程造价咨询行业管理及相关标准

1）造价咨询市场准入

英国工程造价咨询行业对咨询企业没有资质要求，但对从业的人员有执业认证要求，其执业资格由英国皇家特许测量师学会（RICS）进行管理。RICS对其会员有着严格的准入及管理制度，其会员资格相当于一种专业执业资格，RICS会员取得资格后即可独立执业，承揽相关业务。成为RICS工料测量师的程序如图2-2所示，主要途径分三类：第一类是最典型的路径，就是先获得RICS认可的学位，然后进行至少2年的系统化训练，再通过评估成为正式会员。第二类途径是通过转换课程学习成为测量师。第三类途径是成为技术测量师，再通过选择一定途径提升为特许测量师。

2）造价咨询实施和行业管理

在英国，同样存在政府投资工程和私人投资工程两类项目，也分别采用不同的工程造价管理方法，但这些工程项目通常都需要聘请专业造价咨询公司进行业务合作。一是政府投资工程是由政府有关部门负责管理，包括计划、采购、建设咨询、实施和维护，对从工程项目立项到竣工各个环节的工程造价控制都较为严

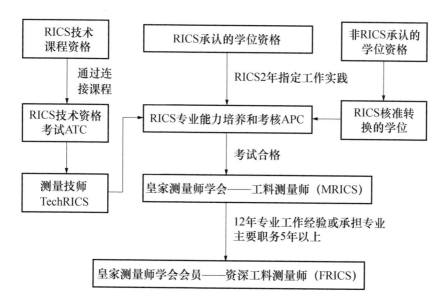

图2-2 英国皇家测量师授予程序示意

格，遵循政府统一发布的价格指数，通过市场竞争，形成工程造价。目前，英国政府投资工程约占整个国家公共投资的50%左右，在工程造价业务方面要求必须委托给相应的工程造价咨询机构进行管理。英国建设主管部门的工作重点则是制定有关政策和法律，以全面规范工程造价咨询行为。二是私人投资工程，参照政府颁发的计价方面统一计算规则，价格参照咨询公司信息价格和市场价格进行报价，通过竞争、合同定价。对于私人投资项目完全执行市场经济的运作规则，没有来自政府的行政干预。英国的私人投资项目属于私有财产，受宪法及财产法的调节和保护，英国财产法只调节和保护私有财产，公共财产由公法加以调节和保护。这种公法与私法的严格分工保证了财产法的"纯"私法性和整个财产法规在逻辑技术上的严密与协调。基于该类法律，英国政府不会以行政手段干涉私人投资项目的决策与实施。

英国工程造价咨询制度随着市场经济的发展而不断完善、成熟,基本形成了政府宏观调控、行业高度自律的机制。在这种模式下,政府部门对经济活动干预少,主要精力放在规范市场行为、保障公平竞争方面。政府通过制定法律法规,协调行业的发展,从宏观角度对造价咨询市场进行管理,主要采用准入及清除、风险和信誉等市场机制来协调管理;而对造价咨询行业的管理事宜,主要是通过民间组织英国皇家特许测量师学会(RICS)对其会员的管理,达到对整个行业进行有效管理的目的。这种行业学会管理模式很好地对造价专业人士起到了强有力的约束作用,并且对造价专业人员提高和保持深厚的专业知识、精湛的专业技术和技能、高尚的职业道德起着重要的促进作用。

3)对工程造价咨询企业的政策支持

英国政府积极鼓励本国造价咨询企业承担海外工程,并在资金和信息服务方面予以支持,主要包括设立海外工程基金,为企业垫付一定比例的投标报价费用;对大型工程咨询公司进行损失补贴;授予海外表现优秀的工程咨询企业高级别的荣誉奖章;设立庞大的商业信息服务网络,提供信息支持等。

2.4 "一带一路"相关国家工程造价咨询发展分析

新加坡是亚洲"四小龙"之一,人口540万,面积714.3平方千米,2016年GDP即达2970亿美元,年增长2.1%。其经济主要由制造业、金融与服务业、商业、交通与通讯业及建筑业组成,其中建筑业是新加坡国民经济的支柱产业。新加坡国内建筑业主要由三个部分组成,即业主、咨询公司、承包商。

2.4.1　新加坡工程造价咨询特点

1）政府的间接调控。在新加坡，按项目投资来源渠道的不同，一般可划分为政府投资项目和私人投资项目（其中政府投资的工程项目大约占 60%，私人投资占 40%）。政府主要采用间接手段来对工程造价进行管理，对政府投资项目和私人投资项目实施不同力度和深度的管理，重点控制政府投资项目。对政府投资的工程在核定的投资范围内，在保证使用功能的前提下主要采取集中管理的方法，进行方案和施工组织设计，加强运行管理，严格实行目标控制。政府性项目的工程造价管理在很大程度上属于国家或政府对国有资产的管理，包括对国家或地区的公益性项目、基础设施项目以及国防项目等特殊工程项目的造价管理。而对私人投资项目，政府主要采取价格、税收、利率政策调整和城市规划等手段来进行政策引导和信息指导，约束私人的投资方向与区域分布。

2）工程的全流程管理。目前新加坡国内工程造价咨询业务多为工程的全流程管理，而区域内开展工程造价咨询业务的企业众多，且所擅长的专业领域不同，因此造价咨询企业的侧重点及发展方向也呈现出较为明显的差异化，如与 BAC（建设局）相关的造价咨询公司和与 LTA（交通局）相关的咨询公司由于侧重的领域不同，其要求的专业特长和行业准则也有所不同。

3）完善的法律制度。新加坡当地的法律规范非常完善，强调对个人的职业影响及专业的职业操守。一般情况下新加坡大多私人业主往往直接委托咨询顾问为其提供咨询服务，实行完全市场化管理。

2.4.2 新加坡工程造价咨询行业管理及相关标准

1) 造价咨询市场准入

新加坡政府对于外资造价咨询公司在准入方面没有特殊要求，包括公司资质、公司性质等，目前新加坡测量师与评估师协会（SISV）会员有20余家。在公司税务及人员执业资格方面的规定主要有：公司需缴纳公司税，造价咨询师需有职业责任险。新加坡对企业是否为独立法人没有明确要求，但如果是独立法人，从事相关业务会更加方便。

新加坡属于英联邦国家，许多工程管理体系沿用英国的模式，工程造价管理方面采用的是英国的工料测量体系。政府对外资造价咨询公司资质方面并无特殊要求，但对个人从业资格有一定的要求，注重于个人执业的管理。新加坡建设局（BCA）和新加坡测量师与评估师协会（SISV）对于个人从业资格都有特殊要求，即必须是工程管理或工料测量类专业毕业（BCA网站上有合格大学的名单）。

2) 造价咨询行业管理

新加坡政府没有专门部门对造价咨询业务进行管理，主要是通过新加坡测量师与评估师协会（SISV）和市场进行管理，协会会员包括公司与个人两种。

第3章 我国工程造价咨询现状、问题和SWOT分析

本章主要对我国工程造价咨询行业整体情况进行介绍，对我国工程造价咨询"走出去"存在的问题进行分析，并结合我国工程造价咨询企业自身情况进行SWOT分析，为工程造价咨询"走出去"战略的制定提供依据。

3.1 我国工程造价咨询发展现状

随着我国基本建设投资管理体制的改革和变化，工程造价咨询行业应运而生。经过近20年的培育发展，现已拥有一支规模庞大的从业队伍，不论是政府投资项目还是民营投资项目，都大力邀请工程造价咨询企业提供专业的服务，咨询服务范围已涵盖建设行业的各个领域，服务价值也得到了市场的认可。当前我国工程造价管理的现状可以归纳为如下6个方面。

3.1.1 产权结构

我国工程造价咨询机构经"脱钩"改制后，从全行业总体情况看，绝大多数已变为自主经营、自担风险、自我约束、自我发展和独立承担经济、法律责任的社会中介机构。目前主要有4种

形式：一是专营工程造价咨询机构，以有限责任公司为主；二是具有工程造价咨询资质的工程咨询类机构（如勘察设计、工程监理、招标代理、工程咨询公司等）；三是具有工程造价咨询资质的中国建设银行；四是具有工程造价咨询资质的会计师事务所、评估事务所，这些事务所按照国务院办公厅和原建设部的要求，与原挂靠单位从人员、财务、业务、名称等方面彻底脱钩。这真正破除工程造价业务的行政性、部门性垄断及区域壁垒，形成了全面开放的工程造价咨询市场。

3.1.2　服务范围

目前，工程造价咨询行业的经营范围包括：规划咨询，编制项目建议书（含项目投资机会研究、预可行性研究），编制项目可行性研究报告、项目申请报告和资金申请报告，评估咨询（含项目建议书、可行性研究报告、项目申请报告与初步设计评估，以及项目后评价、概预决算审查等）。国内大多数工程造价咨询企业局限于预算编制和结算审查服务工作，利用综合性服务进行全过程工程造价确定与控制的较少。2015 年的工程造价咨询企业营业收入统计显示，"竣工决算阶段咨询"的营业收入在工程造价咨询企业营业收入中占比高达 36.47%，在各工程建设阶段中位居第一。

3.1.3　市场规模

2016 年全国共有 7505 家工程造价咨询企业，比上年增长 5.6%，其中甲级工程造价咨询企业 3381 家，乙级工程造价咨询企业 4124 家。2016 年工程造价咨询企业的营业收入为 1203.76 亿元，利润总额 182.29 亿元，同比增长 75.41%，五年时间累计增长 109.38%。

3.1.4　从业人员情况

当前，我国工程造价咨询行业从业者数量庞大。2016 年末，工程造价咨询企业从业人员 462216 人，比上年增长 11.54%。其中，正式聘用员工 426730 人，占年末从业人员总数的 92.32%；临时聘用人员 35486 人，占年末从业人员总数的 7.68%。2016 年末，工程造价咨询企业中共有注册造价工程师 81088 人，比上年增长 10.15%，占全部造价咨询企业从业人员的 17.54%；造价员 110813 人，比上年增长 2.02%，占全部造价咨询企业从业人员的 23.97%。2016 年末，工程造价咨询企业共有专业技术人员合计 314749 人，比上年增长 11.39%，占年末从业人员总数的 68.1%。

3.1.5　信息化技术应用

近年来，随着信息技术飞速发展，工程造价信息化技术也不断取得进步。我国工程造价咨询行业的信息化可以分为三个阶段。第一阶段是预算软件的应用阶段，属于单一功能的工具性软件应用的信息化阶段。第二阶段是网络技术的应用阶段，各地造价主管部门逐步建立造价信息网，社会出现以互联网为平台的大型造价信息数据库，属于信息高度共享的互联网技术应用的信息化阶段。第三阶段是咨询企业和行业开始尝试利用计算机和网络技术提高业务管理水平，出现了企业管理系统、造价控制管理系统、网络业务培训系统、网络人员与资质管理等，属于管理软件系统应用的信息化阶段。

3.1.6　信用体系建设情况

目前，我国已经初步建立了工程造价咨询业信用评价体系，有效推进了工程造价咨询行业信用体系建设，完善行业自律，促进工程造价行业健康发展。工程造价咨询行业信用评价等级分为AAA（信用很好，综合能力很强）、AAA－（信用很好，综合能力强）、AA（信用好，综合能力强）、AA－（信用好，综合能力较强）、A（信用较好，综合能力较强）、B（信用一般）和C（信用较差）等七级。

3.2 我国工程造价咨询"走出去"面临的问题分析

本文主要从业务范围、业务领域、合同管理、计价模式、管理信息化等角度阐述目前我国工程造价咨询"走出去"所面临的问题。

3.2.1 业务范围单一

国外的工程造价咨询业所提供的咨询服务具有多元化、全过程的特征，包含了整个工程建设各个阶段、方方面面的服务，因此工程造价咨询企业的规模和实力比较雄厚。而在国内，工程造价咨询企业一般以中小型为主，服务内容单一，且多局限于工程建设的某个特定阶段，业务范围狭小，综合实力不强。我国工程造价咨询企业在"走出去"后，将要面对国际工程咨询、全过程工程咨询、BIM、EPC以及PPP等多种咨询业务的挑战。以工程咨询为例，其服务周期贯穿建设工程从策划、评估、决策、设计、施工、竣工验收，到投入生产或交付使用的整个建设过程，而服务内容则涵盖了建设工程全生命周期内的项目策划、可行性研究、工程设计、招标代理、造价咨询、工程监理、施工前期准备、施工过程管理、竣工验收及运营保修等各个阶段的管理和咨询服务。值得欣慰的是，随着《国务院办公厅关于促进建筑业持续健康发展的意见》（国办发〔2017〕19 号）的出台，鼓励投资咨询、勘察、设计、监理、招标代理、造价等企业采取联合经营、并购重组等方式发展全过程工程咨询，培育一批具有国际水平的全过程工程咨询企业，从而更好地为"走出去"服务。但以行业目前的发展情况来看，改变业务范围单一的局面、与国外企业站在同一起跑线，显然还有很长的一段路要走。

3.2.2　业务领域狭窄

"一带一路"沿线基建领域中尤以铁路、公路、桥梁、疏浚、火电、水电及核电等工程居多，房屋建筑类占比不高。根据中银国际在第二届"一带一路"高峰论坛所发布的"一带一路"主题研究报告，在 2016 年工程项目新签订合同中，交通、电力和住房在合同总量中所占比率分别为 22.8%，22.0% 和 18.9%。我国工程造价咨询企业擅长的房建板块占比不大，竞争却异常激烈；而交通和电力板块占比较高，但绝大多数工程造价咨询企业却很难介入。

3.2.3　合同管理薄弱

合同管理在国际工程造价管理中具有重要的地位，是约束各方权利和义务、保证工程项目顺利实施、保证工期和质量，并将工程成本控制在合理范围内，是工程圆满完成的前提和保障。国外都把严格按合同规定办事作为一项通用的准则来执行，并且有的国家还实行通用合同文本。这样有利于合同的签订和执行，也有利于减少争端和解决争端。

工程造价领域通用做法是采用国际公认的合同文本。国外采用的通用文本有：国际咨询工程师联合会制定的 FIDIC 系列合同文件，美国建筑师协会制定的 AIA 系列合同文件，英国土木工程师协会制定的 ICE 系列合同文件及 NEC 施工合同条件，英国联合合同委员会制定的 JCT 系列合同文件等。

在工程建设领域，虽然我国也建立了系列工程合同的示范文本，但工程造价咨询企业能熟练运用系列工程合同有效管理各类工程的能力还不强，能熟练运用系列国际工程合同有效管理国际工程的工程造价咨询企业更是不多。从法律体系来看，在国际工程项目中往往面临不同法律体系所带来的种种问题。我国使用成文法，而"走出去"的国家法律体系不尽相同。例如，英联邦国家和我国香港特别行政区使用的判例法，两者区别很大。中华全国律师协会为此出版了《"一带一路"沿线国家法律环境国别报告》，不同国家建设法律环境不同，难免有一定的不适应性，主要表现在对于合同的法律理念以及逻辑思维的冲突上，除此之外，建设环境法制化程度不高、缺乏契约精神、注重人情关系等也使合同管理难以发挥其应有的作用。

3.2.4　计价模式市场化程度低

工程造价计价模式是根据计价依据计算工程造价的程序和方法，具体包括工程造价的构成、计价的程序、计价的方式以及最终价格的确定等多项内容。计价模式是投资人管理和控制工程造价的手段。由于工程造价管理基本体制的不同，各国或地区在工程造价编制方法及其依据上也有许多不同。

英国没有计价定额和标准，只有统一的工程量计算规则。工程量计算规则目前应用最广泛的是由皇家测量师学会（RICS）组织制定的《建筑工程工程量标准新计算规则》（New Rule of Measurement － NRM），而价格是市场价格。工程量清单由业主委托的工料测量师（Quantity Surveyor）根据图纸和技术要求编制。

美国实行的是基于同类工程历史统计数据的工程造价编制方法。美国的市场机制非常完善，由大型的工程咨询公司制定用来确定工程造价的定额、指标、费用标准等。承包商则根据图纸计算工程量，同时，大型承包商也都有一套属于自身核心商业秘密的估价系统。

反观我国，目前并行的两种计价模式分别是定额计价模式和工程量清单计价模式。由于市场体制机制还不完善等多种原因，我国实行的是基于标准概预算定额的工程造价编制方法，一般包括工程造价定额、工程造价费用定额、工期定额、造价指标、基础定价、工程量计算规则以及政府主管部门发布的各有关工程造价的经济法规、政策等。虽然有统一的《建设工程工程量清单计价规范》和《房屋建筑与装饰工程工程量计算规范》等，但定额体系是根据不同地区所有承包商的平均先进水平编制，实际工作中并没有真正体现"量价分离"的原则，市场化程度不高。

3.2.5　管理信息化程度低

目前国内造价行业常用的工程造价软件已经能基本满足建设单位、承包商、咨询公司、政府部门等各方的协同办公、项目及造价采购管理、电子招标整体解决方案等需求，成为信息化产品。但对于 BIM 技术、云技术、项目寿命周期的整体管理以及工程项目相关配套软件的研发和推广还很欠缺。

软件功能单一，全过程造价管理软件未得到普及。国内绝大多数咨询企业信息化建设水平较低，工程造价软件系统功能较为单一，大多针对某一个阶段或某一参与方，不能满足各阶段的工程造价管理信息化需要，在开展国际工程咨询时有明显的局限性。工具性软件仍停留在计量、计价阶段,与发达国家相比,全过程、全方位造价管理软件系统应用至今尚未普及,满足不了工程建设参与各方的全过程工程造价管理的需求。

管理软件应用水平较低,缺乏信息管理系统。国内绝大多数咨询企业尚未建立企业信息管理系统,即使有信息管理系统的企业多数仍处于简单的行政办公管理阶段,缺乏比较前沿的信息化技术,对于知识管理、BIM、云技术等技术的运用仍然不足,尚未发挥信息系统的核心价值,难以应对国内工程造价咨询企业"走出去"的实际需要。

3.2.6 产权体制尚待健全

英、美等国工程造价咨询企业产权体制总体来说是多元化的,但多为个人执业公司和合伙人公司,主要通过在市场竞争中自我发展或自发兼并、合并发展,目前典型的产权体制仍是合伙人制。实行合伙人制能有效地对从业人员产生正向激励,同时也对其行为进行约束。

对比英、美等国,国内工程造价咨询行业除少数特殊情况外,大多数造价咨询企业难以真正做到合伙制发展,难以将专业知识、技术、经验、信息合为一体。多数企业还是由造价工程师投资组建的有限责任制企业,投资主体单一,不仅不利于充分有效地利用市场人才资源,而且在投资者与经营者合二为一的情况下,很难走出作坊式的经营模式,不利于企业做大做强,更难以适应"走出去"的需要。

3.2.7 商业模式相对落后和管理水平不高

对比国外工程造价咨询企业商业模式和管理机制,我国工程造价咨询企业存在以下问题:

1) 商业模式相对落后

长期以来，依靠客户关系获取咨询业务是我国大部分造价咨询企业市场营销的主要方式。但随着中央全面从严治党和依法治国的深化，我国工程造价咨询行业过去依靠关系获取项目的模式将发生深刻的变革，工程造价咨询企业未来必须要依靠自身专业实力才能获得生存与发展。与之相对应，我国工程造价咨询企业要实现"走出去"，现有的商业模式也需发生变化，以质量求生存应成为"走出去"的主要市场营销法则。

2) 从业人员的职业化水平总体偏低和人力资源管理落后

工程造价咨询企业是一个具有较高技术水平的机构，这也就要求其从业人员具有较高的业务水平以及较好的综合素质，即机构需要的是一种集经济、管理、工程为一体的应用型复合人才。我国目前工程造价咨询企业的从业人员，基本都是建筑业的专业人士，缺乏经济、法律意识，管理能力欠缺，而造价咨询业需要全方位立体综合管理体制，要求从业人员必须具备综合管理能力。但现阶段造价咨询行业还不足以吸引更多高学历的人才，从业人员素质还跟不上行业发展的需要，这也是造成从业人员职业化水平总体偏低的主要原因。现在工程造价从业人员的工作量普遍较大，工作压力也比较大。并且在工程造价行业普遍的"底薪加提成"的绩效模式下，造价人员的收入与所完成的工作量是成正比的，因此不管是企业还是个人，都不愿意花更多的时间和精力去参加培训。参加过培训的人员往往认为培训内容偏重理论不够实用，不解决实际问题，结果就使继续教育变成了走过场。这种注重眼前利益的认识在一定程度上阻碍了造价从业人员专业综合素质的提升，也不利于造价咨询企业今后工作面拓宽与开拓新的业务领域。到目前为止，我国工程造价咨询企业大部分都是依赖外部招聘的方式引进人才，自主培养一直被业内认为成本高、见效慢。优秀人才难找、低端人才成长慢是每个造价咨询企业都深有感触的，很多企业负责人都感叹公司成了"新手培训学校"。由于造价咨询行业的特点，设有专门人事管理的造价咨询公司并不多，对人力资源的管理缺乏相应的经验，因此人才的流失、人才的短缺和员工的频繁流动正日益成为制约造价咨询业发展的重要因素之一。

3）企业内部管理不规范

企业内部管理不规范主要表现在两方面：一是咨询产品质量鉴定标准模糊，企业在操作过程中就难以用明确的、规范的标准来进行考量；二是企业自身缺少追求规范、精准的原动力，带来管理过程不规范，业务流程无法固化而随意性过大等问题。

3.3　我国工程造价咨询"走出去"SWOT分析

本节通过运用 SWOT 分析法，对我国造价咨询行业内外部优势、劣势以及机遇与挑战展开分析。

3.3.1　优势

1）工程造价咨询行业稳步发展，形成较为庞大的规模

经过多年发展，工程造价咨询行业已拥有了数量庞大的专业咨询企业和专业技术力量。根据住房城乡建设部《2016 年工程造价咨询统计公报》，我国工程造价咨询主要优势体现在以下三个方面：

（1）企业众多，能够形成规模化发展。2016 年全国共有7505 家工程造价咨询企业，其中，拥有甲级工程造价咨询资质的企业 3381 家，拥有乙级工程造价咨询资质的企业 4124 家；专营

工程造价咨询企业 2002 家，兼营工程造价咨询企业 5503 家。其具体分布见表 3-1：

表 3-1　工程造价咨询企业地区分布情况

地区及行业归口	企业个数
北京	295
天津	52
河北	348
山西	203
内蒙古	266
辽宁	260
吉林	144
黑龙江	193
上海	153
江苏	626
浙江	395
安徽	358
福建	183
江西	170
山东	605
河南	307
湖北	332
湖南	282
广东	378
广西	115
海南	50
重庆	232
四川	413
贵州	101
云南	189

续表

地区及行业归口	企业个数
西藏	9
陕西	167
甘肃	171
青海	47
宁夏	55
新疆	166
相关行业归口	240
合计	7505

（2）从业人员数量增长较快，具备一定的技术力量。2016年末，工程造价咨询企业从业人员共计462216人。其中，高级职称人员67869人，中级职称人员161365人，初级职称人员85515人，各级别职称人员占专业技术人员比例分别为21.56%、51.27%、27.17%。

通过以上数据得出，企业从业人员增速高于工程造价咨询企业数量增速，且注册造价工程师增速高于造价员，行业从业人员技术能力得到进一步提升。同时，中高级职称人员占据72.83%，具备较强的相关技术力量和专业素质。

（3）行业效益增长较快。2016年工程造价咨询企业的营业收入为1203.76亿元，比上年增长11.51%；实现利润总额182.29亿元，上缴所得税合计39.12亿元。

2）具有相对完备的造价管理体系和标准

我国工程造价咨询行业相关管理部门及行业协会为规范行业的发展，相继颁布了多项管理政策和行业法律法规，形成了一整套适应我国国情的造价管理体系和标准，为我国工程造价咨询企业"走出去"奠定了良好的基础，也为造价咨询标准、规范

"走出去"，起到了很好的指导、示范作用。相关政策见表 3-2：

表 3-2 近年来工程造价咨询相关政策

相关政策	发布时间	主要内容
《工程造价咨询企业管理办法》（建设部令第 149 号）	2006 年 3 月 22 日发布，2006 年 7 月 1 日起实施	为了加强对工程造价咨询企业的管理，提高工程造价咨询工作质量，维护建设市场秩序和社会公共利益，根据《中华人民共和国行政许可法》《国务院对确需保留的行政审批项目设定行政许可的决定》，制定本办法
《注册造价工程师管理办法》（建设部令第 150 号）	2006 年 12 月 25 日发布，2007 年 3 月 1 日起实施	本办法颁布目的是为了加强对注册造价工程师的管理，规范注册造价工程师执业行为，维护社会公共利益
《建筑工程工程量清单计价规范》（GB 50500—2008）	2008 年 7 月 9 日发布，2008 年 12 月 1 日起实施	此《规范》对全部使用国有资金投资或国有资金投资为主的工程建设项目，必须加强执行。在原有《规范》基础上增加 97 条。进一步规范市场，净化环境，促进"市场竞争形成价格"的体系形成
《水运工程工程量清单计价规范》（JT S271—2008）	2008 年 12 月 22 日发布，2009 年 1 月 1 日起实施	此《规范》表明我国的水运工程计价规则也从预算结算转为合同制。在水运工程施工项目管理中，对如何按照业主与承包商签订的工程量清单，作了详细说明，彻底改变了咨询项目的交易方式
《建设项目企业全过程造价咨询规程》（CECA/GC4—2009）	2009 年 5 月 20 日发布，2009 年 8 月 1 日起实施	本《规范》对于工程造价咨询企业承担建设项目全过程造价咨询的内容、范围、格式、深度和质量标准等作出具体要求，以提高咨询成果质量

相关政策	发布时间	主要内容
《建筑工程工程量清单计价规范》（GB 50500—2013）	2013 年 7 月 1 日实施	本《规范》总结了 2008 版本规范实施以来的经验，针对执行中存在的问题进行了修改、补充，特别增加了采用工程量清单计价时如何编制工程量清单和招标控制价、投标报价、合同价款约定以及工程计量与价款支付、工程价款调整、索赔、竣工结算、工程计价争议处理等内容，并增加了条文说明

3）大型建设项目咨询工作经验

发达国家工业体系比较完备，资源开发程度高，所以大型工程相对较少。我国是发展中国家，疆土辽阔，大型工程、特殊工程相对较多，如青藏铁路、西气东输、三峡工程等，这些工程的建设极大地丰富了我国工程造价咨询企业对大型工程、特殊工程的实践经验。

4）人力成本低

咨询企业的成本主要表现为人力成本。我国劳动力价格与发达国家比较相对低廉，这使我国工程造价咨询企业同国外咨询企业相比有较大的竞争力。我国工程造价咨询人员继承了中华民族艰苦奋斗、奋发有为、科学求实、善于学习、敢于创新的优良传统，定能自立于世界工程造价咨询市场。

5）体制上的优势

改革开放以来，我国经济制度渐趋成熟，形成了具有自己特色的"混合经济模式"。我国的企业特别是国有企业在国际市场上政治原则高于经济原则，很多海外大的基建项目，例如铁路、港口码头的建设等方面，能充分发挥央企的龙头作用，带动其他企业积极跟进，互相配合形成合力。

3.3.2　劣势

梳理归纳我国工程造价咨询企业"走出去"面临的问题主要有以下六点：

1）工程造价咨询企业同质化现象严重，缺乏核心竞争力

我国工程造价咨询服务行业较其他咨询业起步晚，且业务范围狭窄，阻碍了工程造价咨询企业的进一步发展；咨询服务同质化现象也日益严重，行业龙头或带头企业没有创立出属于自己的品牌。而有关核心竞争力的几个特点，我国的造价咨询企业也普遍缺失，造成行业过度竞争，低水平竞争，从而压缩了整个行业的利润空间，限制了行业的进一步发展。

2）工程造价咨询行业技术门槛低、从业人员素质参差不齐

近年来，随着建筑行业、特别是房地产业的大力发展，造价从业人员增长迅速。与此同时，我国造价人员的综合素质普遍较低，主要表现在综合知识欠缺、自主学习能力差、项目管理能力缺失等方面。首先，造价行业技术门槛低，从业人员学历要求低。在我国工程造价行业从业人员中，专科生多于本科生，而研究生等高学历的毕业生则"高不成、低不就"，故而造成现在造价咨询企业主要从业人员以专科生为主，其综合素质和综合知识水平相对不高；其次，造价咨询行业由于其行业特性，往往只关注工程建设过程中的成本管理，而对工程的设计、质量、进度等项目管理要求很少涉及，这就造成了造价从业人员业务单一，专业知识范围局限性大，难以从事更全面的工程管理工作的局面。同时，针对"走出去"的问题，兼具工程技术和外语能力的专业人才匮乏。

3）工程造价企业缺乏健全的知识管理机制

工程造价咨询公司属知识密集型企业，知识是其最重要的资源。企业想要立足，满足客户的委托和需求，就必须对信息、知识及专家的智慧经验进行处理加工。而诸如经验和知识等无形资产多数集中于一些资深员工头脑中，其余部分散落四处难以管理，并且这类资产和人员紧紧地捆绑在一起，随着人员的离职，这些无形资产也一并流失，给企业造成严重的损失，影响业务的运转。目前大多数工程造价咨询企业仍按传统的企业管理机制运行，针对以上问题难以进行有效的管理和控制。

4）单个企业的规模较小，缺乏"龙头型"企业

根据《中国造价咨询行业发展报告（2017版）》，2015年全国参加统计的7107家工程造价咨询企业，营业总收入为1079.47亿元，平均收入为1519万元；排名前100位的工程造价咨询企业业务收入合计102.41亿元，占比9.5%；排名前10位的工程造价咨询企业业务收入合计22.75亿元，占比2.1%。可见，我国工程造价咨询行业的整体规模不大，企业数量众多，拥有甲级资质等级的企业数量也很多，但是行业集中度很小，排名前10的工程造价咨询企业的市场份额不足3%，单个企业的规模较小，行业缺乏"龙头型"企业。

5）文化壁垒

我国工程造价咨询企业对境外环境不熟，语言不通，不能更好地了解国外投资环境、行业管理体制、相关法律规范和风俗习惯，对当地业主需求判断不够精准，"走出去"需要一段时间突破文化壁垒，这也决定了我国工程造价咨询企业"走出去"不是一蹴而就的，而需要循序渐进。

6）国际型、复合型人才少

工程造价咨询企业需要具备技术、经济、管理和法律知识体

系的复合型人才，而我国造价咨询企业从业人员素质参差不齐，复合型人才缺失。工程造价咨询企业"走出去"不仅需要复合型人才，还需要能处理国际事务的国际型人才。

3.3.3　机遇

工程造价咨询企业外部环境的机遇主要包括以下两个方面：

1）"一带一路"倡议的实施为工程造价咨询企业"走出去"提供了难得的机遇。2013 年下半年，中国国家主席习近平在出访中亚和东南亚国家期间，先后提出共建"丝绸之路经济带"和"21 世纪海上丝绸之路"（以下简称"一带一路"）的重大倡议，得到国际社会的高度关注。"一带一路"（英文：The Belt and Road，缩写 B&R）是"丝绸之路经济带"和"21 世纪海上丝绸之路"的简称。它将充分依靠中国与有关国家既有的双多边机制，借助既有的、行之有效的区域合作平台，"一带一路"旨在借用古代丝绸之路的历史符号，高举和平发展的旗帜，积极发展与沿线国家的经济合作伙伴关系，共同打造政治互信、经济融合、文化包容的利益共同体、命运共同体和责任共同体。"一带一路"相关基建项目的实施为我国造价咨询企业"走出去"提供了绝佳的机遇和窗口。自"一带一路"倡议实施后，相关承包工程项目突破 3000 个。2015 年，我国企业共对"一带一路"相关的 49 个国家进行了直接投资，投资额同比增长 18.2%。同年，我国承接"一带一路"相关国家服务外包合同金额达 178.3 亿美元，执行金额 121.5 亿美元，同比分别增长 42.6% 和 23.45%。

2）国际交流的不断加强，推动与不同国家执业资格互认，加强国际培训和人员互派交流，为造价咨询企业"走出去"提供人才储备和资质条件。中国建设工程造价管理协会（以下简称中价协）与香港测量师学会于 2005 年 5 月 24 日签署了《内地造价工程师与香港工料测量师互认协议》，目前已开展了多批次的工程造价咨询资质互认工作，为国内造价咨询打开国际大门创造了条件。

3.3.4 威胁

在我国工程造价咨询企业"走出去"的过程当中，还可能存在以下三个方面的威胁：

1）国内外工程造价市场准入及行业标准、管理体系的差异所带来的威胁。许多发达国家的建筑工程造价管理已在系统化、规范化、标准化的轨道上运行，成为了国际惯例。目前国际上通行并公认英国、美国以及日本的管理模式，与国内现有的造价管理体系、标准存在较大程度的差异。这就给国内造价咨询企业"走出去"提出了很大的难题并造成了一定的障碍。同时因各个国家的市场特点不同，存在或多或少的市场壁垒和市场准入限制，一定程度上阻碍了国内造价咨询行业的国际化进程。

2）国内外工程造价企业组织形式上的差异所带来的威胁。国外工程造价咨询企业在组织形式上大多为无限责任的合伙制企业，由注册造价工程师、律师、经济师、专业技术工程师等共同投资组建，共同参与企业的经营管理，投资主体多元化。经过几十年甚至上百年市场经济运行，已经形成了一套完备的风险责任赔偿制度，咨询企业一旦发生过失，委托方会得到相应的赔偿。合伙机制使公司和专业咨询人士更加注重服务质量，执业公正性比较强，较容易获得工程咨询任务，取得业主的信赖。而我国工程造价咨询业起步较晚，在国际工程咨询业市场竞争力有限。

3）国内外工程造价咨询业务服务范围的差异所带来的威胁。国外工程造价咨询业的服务范围比国内的咨询企业更宽更深，它一般对委托方提供以工程造价为龙头的全方位、全过程的工程咨询服务，包括项目投资估算、协助或代理招投标、工程合同管理、支付与索赔管理等内容。而国内造价咨询业的服务内容主要是从事工程的预算、结算和标底的编制，对设计、工期、施工、合同的重视不够，其他诸如可行性研究、项目经济评价、工程造价的分析等做得很少。据有关资料统计，可行性研究阶段的方案决策对总投资的影响为 75%～80%，施工阶段的工程造价控制对总投资影响力仅为 5%～25%。国外工程造价咨询企业特别是发达国家工程造价咨询企业具有涵盖项目全过程的咨询服务能力，使得我国工程造价咨询企业在参与国际竞争中处于不利地位，对我国工程造价咨询企业"走出去"形成威胁。

基于以上分析，构建我国工程造价咨询企业"走出去"SWOT 矩阵，见表 3-3。

表 3-3 我国工程造价咨询企业"走出去"SWOT 矩阵

	优势（S）	劣势（W）
内部	1. 行业稳步发展，形成较为庞大的咨询服务业； 2. 具有相对完备的造价管理体系和标准； 3. 大型建设项目的咨询工作经验； 4. 人力成本低； 5. 体制上的优势	1. 企业同质化现象严重，缺乏核心竞争力； 2. 行业技术门槛低、人员素质参差不齐； 3. 缺乏健全的知识管理机制； 4. 单个企业的规模较小，缺乏"龙头型"企业； 5. 文化壁垒； 6. 国际型、复合型人才少
	机会（O）	威胁（T）
外部	1. "一带一路"相关的基建项目的实施为我国造价咨询企业"走出去"提供了绝佳的机遇和窗口； 2. 国际交流的不断加强，推动国家职业资格互认，加强国际培训和人员交流，为造价咨询企业"走出去"提供人才储备和资质条件	1. 国内外工程造价市场准入及行业标准、管理体系的差异所带来的威胁； 2. 国内外工程造价企业组织形式上的差异所带来的威胁； 3. 国内外工程造价咨询业务服务范围的差异所带来的威胁

第4章 我国工程造价咨询"走出去"风险及实现路径分析

工程造价咨询"走出去"策略建议的提出，除了要分析自身的优势、劣势、外部机遇和威胁外，还要研判工程造价咨询企业"走出去"面临的具体风险和实现路径。本章重点分析"走出去"所面临的风险及实现路径，为提出更具科学性和指导性的我国工程造价咨询企业"走出去"策略建议提供理论和实践支持。

4.1 "走出去"风险分析

我国工程造价咨询企业走向国际市场会面临诸多风险考验，做好相关风险分析与防控是"走出去"的必要前提。就我国工程造价咨询企业而言，应根据自身发展需求，充分考虑评估自身企业项目经验丰富度、内部管理制度的适应性以及应对各类风险的能力。同时，还需要结合国内外政策、行业运行环境及企业内部机制等情况进行分析，从政治、法律、金融、当地市场和文化以及自我技术因素等五个方面做好风险分析与防控，才能促进我国工程咨询企业大胆"走出去"。

4.1.1 政治风险分析

政治风险是我国工程造价咨询企业海外市场中最大、最不可预期的风险。归纳起来，主要体现在五个方面：一是战争内乱和政权更迭频繁。一些国家政局不稳，宗教、民族冲突此起彼伏，甚至爆发内战或国家分裂，导致建设项目终止或毁约，经常会给工程项目相关方带来重大损失。例如 2011 年 2 月下旬利比亚政局动荡，内战爆发，中国建筑企业及人员的大撤退，造成重大财产损失。二是政府征收和国有化。项目实施过程中由于政治体制不完善，当地政府将项目无条件征收和国有化。三是政治暴力事件。贸易保护主义驱动的政治暴力风险，以及由于在工程实施过程中因为劳动权益问题引发的工人罢工等问题，致使工程建设项目无法正常实施，从而给建筑工程相关企业造成经济与人员损失。四是政府干预竞争。一些西方国家，利用政府间的合作、援助等方式干预所在国承包工程的招标。五是拒付债务。有些国家在财力枯竭的情况下，以粗暴的方式废弃工程项目合同并宣布拒付债务。

　　针对出现的政治风险，采取的对策主要包括：一是先进行充分和细致的国别风险评估；二是与其他工程咨询企业合作，共同执行项目建设服务以分担风险、减少损失；三是积极向我国政府有关部门反映情况，了解政策，寻求支持；四是加强与当地企业合作力度，借助当地企业影响力提高项目的可承接性并寻求政治支持。

4.1.2　法律风险分析

　　中国承包商到国外投资和承接工程遇到的另一个巨大风险就是法律风险，法律风险是指工程所在国法律、法规等规范性文件或其变更给工程项目所带来的风险。具体来说，国际投资与国际工程项目面临的法律风险包括对工程所在国行政法律、民事法律、相关刑事法律规定不了解或违法的风险，工程所在国法律法规变化带来的风险，对与工程有关的国际条约、国际惯例不熟悉的风险等。法律风险主要涉及以下几个方面：

1）对于工程所在国的法律表现形式不熟悉

各国的法律可以分为不同的法系。其中，影响最大最为重要的是英美法系、大陆法系、伊斯兰法系等。每一个国家由于历史和国情等不同，如果计划在目标国家开展造价咨询服务，既要了解宏观的形势，更要对所在国家的法律进行细致地研究和分析。

2）对工程所在国行政法律不熟悉的风险

行政法是政府对投资项目与工程项目进行管理的职责依据。在目标国家开展造价咨询服务，其中很重要的前提就是要熟悉工程项目所在国的相关行政法律法规。行政法是强制适用的法律，如果不熟悉国家的行政法律有关外国投资与建设工程相关法律法规，我国造价咨询企业将面临相关行政处罚，甚至是刑事处罚等法律风险。

3）对造价咨询所在国民事法律不熟悉的风险

在国际投资合同或国际工程合同中都会包括法律选择条款，当事人可以在合同中选择适用于合同的实体法律，以明确和约束当事人在签约、履约过程中的实体权利和义务。根据目前的国际投资和国际工程的实践，绝大多数项目都是选择适用工程所在地的法律。因此，在进行造价咨询工作时，必须对当地民事法律的相关规定进行了解，以避免导致违约、侵权、违法，或者在对方违约、侵权、违法使自身的权利受到侵害时，保护自己的权益。

4）对与工程有关的国际条约、惯例不熟悉的风险

在国外进行造价咨询还必须了解与工程所在国和工程项目投资及建设相关的国际条约、国际惯例和国际工程实践中的习惯做法。因为国际投资与承包工程是一种跨国的经济行为，除了会受到当地法律约束以外，还会受到相关国际条约、国际惯例，甚至

行业国际习惯做法的约束和影响。对此，我国企业应当掌握国际投资、国际工程中常用的标准合同文本，如 FIDIC 合同、NEC 合同、AIA 合同及相关国际惯例。

5）工程所在国法律变更的风险

国家法律会随着相关国家形势变化和国际环境变化等而发生变更，工程所在国法律变更会对中国企业带来较大风险，基础设施项目、公用建筑项目等政府项目，受法律法规的影响更大。我国参与建设的大部分是发展中国家项目，许多国家法治并不完善，经济发展变化较快，法律变更时常发生。造价咨询项目涉及的资金额一般较大，更有赖于法律的稳定和政府的信用，如果遭遇法律变更则对项目影响很大。

4.1.3　金融风险分析

金融风险的分析主要从四个方面进行：一是金融危机风险。如目标国家金融缺乏有效监管，发生金融危机，导致目标国家政府或相关企业无法支付相应合同款项；二是汇率风险。汇率变动给对外承包工程带来较大风险，特别是 BOT、BOOT 项目，由于投资回收期很长，其汇率风险更大；三是汇兑限制风险。所在国国际收支困难而实行外汇管制，禁止或限制外商、外国投资者将本金、利润和其他合法收入转移到所在国境外；四是通货膨胀风险。通货膨胀现象在某些发展中国家相当严重，会给我国企业带来巨大风险。

4.1.4　当地市场及文化风险分析

该风险主要是国内企业对国外当地市场及本土文化的生疏造成的。一是对所在国材料及物价水平等因素了解不充分，多数中资工程建设企业在海外采取工程总承包模式，自己负责购买建材，价格波动的风险完全由自己承担；二是对当地传统文化、风俗及习惯做法认识不到位，出现理解偏差，违反当地传统风俗，造成人为意外事件，为项目管理带来潜在风险。

4.1.5 技术风险分析

技术风险一方面来自投标工作不严谨。由于对当地市场、项目现场风险缺乏实地调查和深入了解，对咨询难度理解不深不细，造成投标报价不准确，有许多海外项目为此付出了高昂的代价。另一方面来自项目管理模式、管理机制不适应国际市场。与国际先进咨询企业相比，我国企业在管理模式、发展理念等方面还存在明显差距，缺少熟悉国际市场技术标准、操作规范以及市场运行规则的国际化专业人才，再加上语言、价值观念的差异，可能存在信息不对称、与业主及监理沟通不顺畅等问题，带来工程项目质量、进度及成本方面的风险。

4.2　"走出去"实现路径分析

4.2.1　"走出去"主体选择分析

识别具备"走出去"条件和能力的工程造价咨询企业。工程造价咨询企业个体差异大，发展不均衡，在专业能力、资金实力等方面各不相同，而"走出去"所面临的环境十分复杂，并非所有企业都适合"走出去"。因此，需要识别具备"走出去"能力的工程造价咨询企业。

1）主体识别

市场经济中的主体主要有个人、企业和政府。由于"走出去"战略是企业为了追求利益最大化，在全球范围内进行资源优化配置而进行的经营活动，因此，企业是"走出去"的主体。随着市场化改革，工程造价咨询企业从工商登记注册类型来看，国有独资公司及国有控股公司占全部企业数量的比例较小，多为有限责任公司。

根据"走出去"公共服务平台上公布的对外承包工程企业名录，我国 2014 年工程造价咨询企业造价咨询业务收入前 100 强中有 19 家企业在对外承包工程企业名单中，主要是以设计研究院为主，且大部分企业都具有较强的国有背景，而民营企业则很少在名单中出现。鼓励工程造价咨询企业"走出去"，就是要拓宽多元化的"走出去"主体，在继续发挥国有大型企业"走出去"主导作用的同时，加快民营企业作为主力军的"走出去"步伐，稳步提升我国工程造价咨询企业整体实力和国际市场占有率。同时，充分利用各类主体协同发展，抱团"走出去"。

2）主体选择

根据我国企业"走出去"的基本情况以及工程造价咨询企业的现状，建议以下类型企业可作为我国工程造价咨询"走出去"的主体。

（1）大型企业

英美等发达国家"走出去"的主体主要是大型企业，具有很强的企业规模和资金实力，更能在风险较大的国际市场上稳扎稳打。我国的工程造价咨询业行业集中度小，企业规模相对建筑业而言很小，资金实力和融资能力较弱。但工程造价咨询业属于知识密集型行业，成本以人力成本为主，并以寻求技术和管理经验提升为目的，所以"走出去"往往不需要较大的投资规模和资金投入，因而业务收入位于前列的企业普遍能满足要求。

根据我国企业"走出去"的国际表现分析以及文献研究，我国"走出去"主体以国有企业居多，同时考量企业财务实力，大型国企必然是工程造价咨询企业"走出去"的重要主体之一。除此之外，根据英美等发达国家的经验来看，非国有企业在"走出去"中占据绝对地位，产权清晰的非国有企业更能适应市场化要求，能够提高投资效率。境外环境的信息不对称程度较高，而民营企业产权明晰，管理规范，机制灵活，更能方便运作，快速决策，易于挖掘信息，且"走出去"是以利润最大化为目标，民营企业更具有积极性。因此，大型非国有企业是"走出去"的极佳选择。但工程造价咨询企业在"走出去"初期，需要投入大量的时间和资金进行学习，了解目标投资国家或地区的市场情况，企业会因此缺乏动力，尤其是民营企业。对此，国家应制定一系列保障企业"走出去"的政策，为造价咨询企业"走出去"提供支持和保障，鼓励工程造价咨询企业主动响应国家号召"走出去"。

（2）企业联盟

单一企业的"走出去"，势单力薄，成本较高，如有较高的搜索成本和谈判成本等，同时还可能面对信息不对称的风险。采用企业联盟模式，一方面可以通过企业间存在稳定的分工协作关系，共享信息，降低成本，减少信息不对称风险；另一方面还可通过联盟产生的规模效应，共担风险，获得所在国相关支持及优惠政策。当前，我国造价咨询企业采取的联盟方式一般有三种：第一种是在对外承包工程中同时提供相应造价咨询服务，例如前文所述在"走出去"公共服务平台上公布的对外承包工程企业名录中的19家企业，这些工程造价咨询企业大多数是兼营造价咨询业务；第二种是与对外承包商具有战略合作关系的工程造价咨询企业，这些企业可以充分利用对外承包商的关系获取对外业务

"走出去"。除此之外，还有一个特殊的企业——中国建设银行股份有限公司，主营金融类业务，其下设造价咨询机构及全资成员企业建银造价咨询有限责任公司，可以依托金融优势，承揽造价咨询及其他工程咨询业务，实施"走出去"战略。

4.2.2　"走出去"地区选择分析

1）地区选择的重要影响因素

地区选择受很多因素的影响，主要考虑因素如下：

（1）经济实力

经济实力是工程造价咨询企业"走出去"需要考虑的最关键因素之一，通常项目所在国的经济实力越弱，其相应的技术水平、管理制度也越落后，我国工程造价咨询企业越具有比较优势。

（2）市场规模和潜力

考虑成本因素，工程造价咨询企业更倾向于选择市场规模较大的国家或地区，以较低的成本进入市场，并形成规模效应。长久的市场潜力更能保证稳定的收益，同时市场的竞争激烈程度也影响着企业的区位选择。

（3）政治经济稳定

宏观环境作为我国工程造价咨询企业"走出去"的关键因素，影响"走出去"的区位选择。项目所在国家稳定的政局，能给"走出去"活动提供稳定的社会环境，极大降低政治风险。同时项目所在国低通货膨胀和低赤字带来的经济稳定，更利于"走出去"主体的进入。

（4）"走出去"相关政策

项目所在国的投资政策反映了政府对外来投资者的态度，优惠政策更能体现该国经济的开放度和包容度。开放度越高的国家往往外资政策越宽松，越利于企业"走出去"。

（5）其他

除上述因素外，诸如企业的技术水平、运营成本，当地基础设施建设情况以及风俗文化等因素也是影响"走出去"地区选择的关键。

2）地区选择原则

工程造价咨询企业地区选择需要考虑的因素众多，具有复杂性，既要考虑项目所在国的政治经济水平、资金实力和市场潜力，还要考虑政策变动趋势。因此，"走出去"企业要基于以下几个原则进行地区选择。

（1）就近原则

"就近原则"主要考虑本国与所在国的地理距离。通常，地理位置与国家间的政治经济关系以及风俗习惯具有很大的相关性，地理位置越相近，文化差异越小，交通相对便利，能有效降低风险，不过随着经济全球化，地理效应逐渐弱化。

（2）"慢半拍"原则

"慢半拍"原则是指对外产业输出从经济技术水平相对落后的区域开始，逐渐拓展到发达国家或地区。技术经济水平相对落后的国家或地区，其技术水平相应较低，我国工程造价咨询企业更容易获取竞争优势，快速打开市场。

（3）学习技术为导向原则

学习技术为导向原则是以学习先进技术为目的进行地区选择。我国工程造价咨询业相对于英、美、日等发达国家在技术上不具有比较优势，而"走出去"不仅仅考虑资本增值，也需要进行学习提升，以技术积累——技术改变演进理论为指导，向发达国家汲取先进的技术和管理经验，在相对落后的区域创造新的比较优势。

（4）资源和政策导向原则

资源导向原则是指工程造价咨询企业应充分利用已掌握的资源，如与大型承包商的战略合作关系，利用自身特有资源"走出去"。政策导向原则是指利用我国目前相关的对外政策，同时了解项目所在国的政策优惠，通盘考虑后进行地区选择。

3）地区选择

（1）我国对外承包工程及对外投资集中的国家和地区

一是对外承包集中的国家和地区。工程承包企业与工程造价咨询企业属于相关行业，工程造价咨询可以依托对外承包商的业务资源情况，对目标市场进行精确判断，并借势"走出去"。对外承包工程主要集中在亚洲和非洲，亚洲如中国香港和东盟（如新加坡、印尼等），我国内地与香港、新加坡等距离较近，文化差异较小，符合就近原则；非洲如阿尔及利亚、埃塞俄比亚等国，劳动力资源丰富，市场化程度相对较高，市场潜力大，较适合我国工程造价咨询企业"走出去"。二是对外投资集中的国家和地区。我国 2016 年末对外经济直接投资存量超过 80% 分布在发展中国家和地区，发展中国家和地区一直是我国"走出去"的主要地区选择。对于我国造价咨询企业而言，可选择我国对外投资较为集中、政治经济较为稳定的国家和地区作为"走出去"的主要选择区域。

（2）"一带一路"倡议沿线国家或地区

"一带一路"倡议力求以基础设施互联互通促进贸易畅通，实现全球化并开创地区新合作。在"一带一路"倡议下，首先是大量基础设施亟待建设，给工程造价咨询企业提供了巨大的市场空间；其次，沿线国家或地区共同制定政策，刺激沿线地区发展，给工程造价咨询企业带来契机；最后，以"资金融通"为支撑，保证金融市场健康有序发展，稳定了工程造价咨询企业"走出去"的投资环境。"一带一路"倡议为我国工程造价咨询企业"走出去"提供巨大的市场空间的同时，通过政策、资金的融通创造了良好的投资环境。其沿线国家或地区必定成为我国工程造价咨询企业"走出去"的理想地区。

（3）发达国家和地区

英国、美国、日本等发达国家造价咨询业处于国际领先水平，是我国工程造价咨询企业"走出去"的目标市场，也是我国"走出去"的长远目标。英美日等发达国家的工程造价咨询行业较为发达，技术水平、行业管理能力、企业运营能力强，信息化程度高，是我国工程造价咨询企业学习的榜样。根据技术积累——技术改变演进理论，工程造价咨询企业"走出去"不仅要考虑资本增值，也需要进行学习提升，因此工程造价咨询企业只有深入发达国家市场，才能最快地提升自身综合实力，并指导国内市场和其他境外区域市场的进一步发展，创造比较优势。所以目前应该针对性选择部分发达国家进行小范围的"走出去"，待到企业实力与发达国家市场完全匹配时，便可进行大规模进入。

4.2.3 "走出去"模式分析

不少国内工程造价咨询企业在发展国内业务的同时，启动了国际化的发展战略部署，也有部分企业在海外市场开拓中取得了一定的成绩。我国工程造价咨询企业可根据发展的初期阶段、稳步发展阶段、整体优化阶段，并结合企业自身的综合实力、组织结构、管理体系、人才、企业文化等各种因素，积极开展国际经营活动，摸索出适合自身发展的"走出去"模式。从目前情况来看，我国造价咨询企业"走出去"仍处于较初级的阶段。单独以造价咨询专业服务"走出去"的还比较少，与此同时国内的业务竞争越来越激烈，这使得"走出去"的需求愈发迫切。下面介绍我国工程造价咨询企业"走出去"的几种方式，以供参考。

1）第三方复核方式

针对我国参与投资或有信贷投放，我国有一定话语权的国际工程项目，采用第三方复核方式是较为理想的"走出去"模式，即在当地寻找有市场品牌度的咨询公司担当咨询顾问合作，并与其签订咨询服务合同。国内造价咨询企业组成一个专业全覆盖的项目团队受业主委托派驻项目当地，以第三方角色对项目全程跟进，对当地咨询公司提供的咨询业务进行复核，在复核过程中，可以向国外公司一对一的学习。项目团队通过与当地接洽、沟通，熟悉当地市场计价情况、相关规范、法律及原则，在复核的过程中强化对国际业务的学习，积累实战经验。第三方复核模式有助于我国造价咨询企业积累国际项目经验，是较为适合我国造价咨询企业现状的一种"走出去"方式。

2）与外部合作方式

目前，国内造价咨询企业在尝试"走出去"的过程中，常常因为成本过高，出现难于寻找到国外雇主等问题，使得企业的国际化发展受到严重制约。采取与外部合作方式，即与国外咨询企业联合，利用国外企业在当地的影响力，能够较好地解决上述问题。与第一种"第三方复核方式"相比，该方式可以解决目前国内咨询企业语言障碍、缺少具有国际经验的专业人才、缺乏国际实践与流程方面的知识等一系列问题，能够更快速推进企业本地化进程。

3）设立独资或合资方式

在海外设立相对独立的经营体系，要从组织结构管理体系、业务模式、核心服务、信息化电子商务四个方面做好充分准备。

（1）组织结构管理体系

许多大型国际咨询企业采用扁平化组织结构，即：行业设置维度，如基础设施、工业和公共事业，房地产，社会服务，环境、安全等专业方向；业务类型维度，如资产投资咨询，成本、商务管理，合同解决方案，项目管理，资产生命周期等咨询服务产品；人才战略维度，组织中的人才策略非常重要，对员工技能开发的特殊激励，可以确保最好的人才能够得到保障和嘉奖。

（2）业务模式

对咨询公司来讲，大多是以业主为本，将恰当的专家和正确的技能结合到一起，为私人业主、公共业主提供多元化、多领域的咨询服务。业务模式需要根据组织架构，依托地理位置来划分，每一个地方主管主要负责管理本地业务，每个地方分部有财务、人力的独立管理权，地方主管可以观察其他主管的财务运营，以形成互通有无、互为监督的隐形管理张力。

（3）核心服务

核心服务是工程造价咨询企业国际化生存的根基所在。可以是以成本、商务和风险为主的管理服务，也可以是以运营、设备和资产转售处理等管理为主的服务，还可以是以项目规划、可行性研究、项目评估全流程的成本控制和项目管理为主的服务。在某一领域占领制高点，通过多元化的经营策略辐射其他业务板块，提高综合咨询服务能力。

（4）信息化电子商务

良好的知识管理实践、专业的知识平台支持、高效的网络平台信息共享是构建信息化电子商务的要素，也是国内咨询企业海外生存的基石，实现咨询业务国际化的前提。只有搭建完善的信息化电子商务，全球化咨询服务的战略转型才有可能实现。

4）外部分包方式

对于初次走出国门的造价咨询企业而言，承接分包项目不失为一种快速进步的学习方式，也是造价咨询业务"走出去"的捷径。

国内造价咨询企业可以通过为国际工程项目提供造价咨询的分包承接服务，开拓国际市场，向总包单位（可能是国际知名的咨询公司或是项目咨询服务的领军企业）学习，这对于学习理解项目在不同国家如何有效运作及其工作流程十分重要，还可以较快地积累国际化实践经验。

5）服务总承包企业的方式

近年来，我国在轨道交通、石油化工、水电、港口码头等领域"走出去"投资和建设项目越来越多，而且不少建设项目是以BT、BOT或其他的总承包方式来实施的，而这些项目的投资建设又往往以大型国企为主导，无论从合规还是从咨询服务的角度考虑，都非常有必要有国内工程造价咨询机构的全过程参与。为服务好我国"走出去"的总承包企业，需要我国造价咨询企业在理念方面有较大变革。在国内，工程咨询企业更多地强调以工程造价为主导，更多关注工程的实施，强调工程本身的成本研究，较少从经济、社会、财务、法律、环保等方面进行分析，如某海外石油化工投资项目中，总承包方对服务的咨询企业提出的第一个需求并不是工程造价的策划和解决方法，而是要求多增派了解当地劳工政策、环境政策和法律的专家去现场。我国工程造价咨询企业需要提高综合能力，要更加关注工程造价之外的、对建设项目有很大制约影响的条件。

6）服务的延伸和扩展方式

过去我国政府对外援建多是以硬件援建，例如提供设备、盖大楼等方式实现。现在则是软性援建居多，例如通过南南合作项目、通过援助基金，这些都涉及前期、后期和政策咨询，给工程造价咨询企业带来很多业务机会。此外，进出口银行、国开行等政策性银行海外投资，也需要咨询机构进行整个项目的前期策划、研究、项目识别、风险分析。因此，以工程造价咨询业务为基础，结合建设项目前期咨询，也是工程造价咨询企业"走出去"的一种选择方式。

国外很多造价咨询企业都有从事项目前期可行性研究、项目前期策划、项目投资机会研究、通货膨胀、趋势预算等业务，在国内这些业务归属于工程经济管理咨询，即大咨询。目前，在国家积极推动大咨询业务发展的背景下，工程造价咨询企业需要向工程咨询业务领域延伸，成为名副其实的建设项目大经济智囊。

7）联合经营和并购重组方式

《国务院办公厅关于促进建筑业持续健康发展的意见》（国办发〔2017〕19号）提出培育全过程工程咨询，鼓励投资咨询、勘察、设计、监理、招标代理、造价等企业采取联合经营、并购重组等方式发展全过程工程咨询，培育一批具有国际水平的全过程工程咨询企业。通过联营和并购重组等方式，可以为客户提供覆盖项目全过程的咨询服务，与国际惯例相符，增强我国造价咨询企业在国际上的竞争能力，也是我国造价咨询企业"走出去"可供选择的方式。

（1）联合经营方式

集成管理是全过程工程咨询的最大特点。全过程工程咨询不是工程建设各环节、各阶段咨询工作的简单罗列，而是把各个阶段的咨询服务看作是一个有机整体，在决策指导设计、设计指导交易、交易指导施工、施工指导竣工的同时，使后一阶段的信息在前期集成、前一阶段的工作指导后一阶段的工作，从而优化咨询成果。

① 作联合经营的协办方。

采取联合经营的方式，就需要一个善于整合咨询产业链的牵头单位。在民用建筑项目中，提供全过程工程咨询服务时国家提倡充分发挥建筑师的主导作用，因此，作为全过程咨询服务的协办方，与设计院组成联合体而共同走向国外不失为一种"走出去"的方式。

② 作联合经营的主办方。

工程造价对建设项目而言，如同人身体内的血液一样重要，并且贯穿建设项目的全生命周期，每个阶段都需要算经济账。而如能以造价咨询单位为全过程咨询牵头单位，以全过程造价管理为主线，以造价咨询单位为主导，更能实现全过程工程咨询的目标，在保证功能、安全、质量的前提下，获得最大利润或实现项目的最大性价比。因此，如能作为联合体的主办方组成联合体而共同走向国外，不失为一种更佳的"走出去"的方式。

（2）并购重组的方式

目前，国内绝大多数工程造价咨询企业以小、微型为主，个别有能力的大中型工程造价咨询企业，可通过参股或收购重组的方式并购其他专业咨询企业，组成咨询业务产业供应链完备的全过程咨询公司走向国外。

以上联合经营和并购重组方式，如能结合我国计价标准和工程管理制度的"走出去"，不失为我国造价咨询企业"走出去"最现实的选择。

第5章 我国工程造价咨询"走出去" 战略实现策略建议

本章主要根据我国工程造价咨询行业及企业自身特点，结合"走出去"面临的风险以及具体实现路径，从政府、行业以及企业等三个层面提出相关策略建议，并结合具体案例，对工程造价咨询如何实施"走出去"战略进行阐述和说明。

5.1 政府层面策略建议

我国工程造价咨询企业走向海外不仅需要企业自身的努力，很大程度上还要依靠许多其他的外部条件。政府是应对企业"走出去"障碍因素过程中不可或缺的主体，对于推动和助力工程造价咨询"走出去"起到极其重要的作用。

政府支持不足会导致我国工程造价咨询企业的"走出去"缺乏动力，同时，由于工程造价咨询企业对国际市场环境了解不足，存在信息不对称现象，不敢贸然"走出去"，而充足完备的市场研究又需要投入大量的人力和财力，也容易导致我国工程造价咨询企业"走出去"动力不足。政府应该尽量给工程造价咨询企业提供良好的宏观环境，利用政府干预提升企业的动态比较优势，通过完善相关产业配套政策、完善相关法律法规体系和优化政府行政管理等方面推动工程造价咨询业务"走出去"。

5.1.1　完善相关产业配套政策

我国属于社会主义市场经济体制，政府可通过对市场机制的调控以达到既定发展目标。工程造价咨询企业是"走出去"的主体，政府在企业"走出去"过程中，着力营造一个适宜、良好、完善的发展环境，可起到引导、推动，甚至是"保驾护航"的作用。目前我国在"走出去"方面的金融、财税、外汇管理政策，形式较为单一，对"走出去"企业的政策扶持，也仅仅是财政贴息、退免税方面。另外，外汇管理较为严苛，缺乏针对工程造价咨询"走出去"企业的弹性外汇管理政策。

完善相关制度政策，为工程造价咨询企业"走出去"提供支持保障。一是借鉴美日等发达国家经验，制定符合国际工程项目需求的担保保险政策。二是设立专项国际工程造价咨询基金、海外工程风险基金等，降低工程造价咨询企业"走出去"的风险。继续加大政策性融资支持力度，帮助企业突破融资瓶颈。三是改革外汇管理制度，制定符合国际工程造价咨询企业发展的外汇管理措施。如放宽对工程造价咨询企业投资限制，简化工程造价咨询企业的外汇审批流程，降低企业汇兑管理成本等。四是实施激励的财政税收政策，对承担国际工程造价咨询项目的企业在财政上予以更多支持，鼓励企业"走出去"开拓工程造价咨询业务，如在工程造价咨询企业"走出去"初期收益较少，政府可相应给予补助，补助的形式包括税费减免、财政贴息、财政拨款以及税收返还等形式，解决企业前期资金投入较大的问题。五是借力"一带一路"等倡议和战略与其他国家签署双边税收协议，降低所在国和本国双边税收，并对企业进行金融支持，降低"走出去"贷款融资利率，减轻企业财务负担。六是在出入境管理方面，在合法合规的前提下，制定签证便利政策，为工程造价咨询企业"走出去"提供人员出入境方面的便利。

5.1.2 完善相关法律法规体系

完善相关法律法规体系，是提高我国工程造价咨询企业"走出去"的又一重点。一是将政策执行的程序上升至法律高度，保证政策执行的公平性与延续性；二是完善与国际工程项目接轨法律法规体系，保护"走出去"工程造价咨询企业的利益。在海外并购、直接投资、保险、海关等方面，加快相关法律的制定，如制定海外直接投资相关法律法规，保障我国企业在海外投资项目中的合法权益；制定海外并购相关法律法规，明确政府各部门管理职责。

5.1.3 优化政府行政管理和做好信息服务工作

在完善现代企业管理制度建设的同时，进一步深化改革，保持企业的独立性。优化政府行政管理，减少行政审批程序，提高政府部门间的协调、监管能力，如出入境审批、外事管制程序；避免政出多门、政府多头管理等现象出现，如与工程咨询相关的行业协会有对外承包商会、中国建设工程造价管理协会、工程咨询协会等，且三者分别归属商务部、住房城乡建设部、发展改革委指导。概括而言，政府应朝着转变职能的方向加大努力，继续推进行政改革，科学划分各部门的职能范围，理顺管理体系内部关系，实现工程造价业各领域的统一归口管理，将分散的管理权归口集中于建设主管部门，以便更加有效地对工程造价咨询业实施管理和监督。在审批制度、技术创新方面，在国际区域经济合作、国际标准的制定方面，在协助行业协会推动我国技术标准的国际互认方面，需进一步完善。

宏观经济形势和目标区域市场竞争激烈程度很大程度上影响着我国工程造价咨询企业"走出去"。对于工程造价咨询企业而言，若要深入了解目标市场必定要投入大量的成本和时间，且对于各企业而言，与其他企业存在信息割裂，往往造成重复收集。政府作为公共服务者，建议做好如下几个方面工作：

一是充分发挥网络和媒体作用，搜集并及时为工程造价咨询企业提供相关信息。建议参照发达国家和地区政府的做法，对本国或本地区造价咨询企业给予支持。如英国政府利用其驻外机构收集各地区咨询信息；日本政府主导收集发展中国家开发计划、工程项目情况信息；法国贸易振兴机构负责国外项目情报交流等。国外政府支持本国工程咨询企业"走出去"举措详见表 5-1。

表 5-1　国外政府支持本国工程咨询企业"走出去"的举措

国家	具体措施
英国	1. 设立海外工程基金，为企业垫付一定比例的投标报价费用； 2. 对大型工程咨询公司进行损失补贴； 3. 授予海外表现优秀的工程咨询企业，高级别的荣誉奖章； 4. 设立庞大的商业信息服务网络，提供信息支持
日本	1. 补贴工程咨询企业的海外调研经费； 2. 给从事国际咨询信息工作的人员发放补助金； 3. 设立出口保险，降低海外咨询企业的风险损失； 4. 税收政策优惠、情报支持； 5. 政府牵头组织企业咨询人员，从事海外工程咨询交流
法国	1. 与国家金融机构合作，成立专门负责海外工程咨询的事务局； 2. 设立专门的信息情报交流网，直接发送信息到企业的海外合作部门； 3. 以技术援助形式，保证本国工程咨询企业的海外咨询业务

续表

国家	具体措施
德国	1. 补贴国内中小型咨询企业； 2. 大力倡导国内企业设立咨询部门，并对其实施财政补贴等具体措施； 3. 由政府出资设立咨询机构，为中小企业提供免费咨询
加拿大	1. 以合同经费的形式支持咨询机构技术开发及技术推广工作； 2. 财政拨款，刺激咨询需求； 3. 分担企业咨询费用
美国	1. 以减免所得税形式，大力倡导企业开展咨询业务 2. 对非营利性工程咨询机构减免税收 3. 出台刺激工程咨询企业需求的扶持政策

二是构建新型信息平台，全面整合政府、企业、金融机构等各方面信息，并及时公布，如目标市场的宏观环境情况（如政治、文化、经济、税收）、市场竞争情况（如本土企业格局、外资咨询公司、市场需求）、相关政策（如行业壁垒、税收政策）以及行业规范等。当前，我国的信息平台，虽然提供工程项目信息，但是对各国工程信息相关政策法律法规，仅仅提供英文链接，却没有中文翻译。建议政府主导建立专门的网络信息平台，按地区将各国工程项目信息，相关的政策、法律法规及注意事项，整理翻译，以中文形式呈现，以便于企业查阅。同时建立风险预警的信息平台，为企业决策提供风险参考。

三是加强与国外媒介联系，做好当地媒体、非政府组织（NGO）等的沟通工作，阐释平等互利的理念，并推荐我国的优势产业。

5.1.4　加强中外标准衔接

积极推动和开展中外计价标准对比研究，熟悉国际通行的标准内容结构、要素指标和相关术语，缩小中国计价标准与国外先进计价标准的差距。加大中国计价标准外文版翻译和宣传推广力度，以"一带一路"倡议为引领，优先在对外投资、技术输出和援建工程项目中推广应用。积极参加国际标准认证、交流等活动，开展工程计价标准的双边合作，实现工程建设国家计价标准全部有外文版。

5.2　行业协会层面策略建议

目前国际上通行的做法是由行业协会来对工程造价咨询企业进行微观管理，而且效果比较好。建议我国加强行业协会的管理力度，加大行业服务深度和积极发挥行业协会的桥梁及协调作用，助力工程造价咨询企业"走出去"。

5.2.1　加强行业协会管理，加大行业服务深度

发达国家的工程造价咨询行业成熟度较高，各方面发展较为完善，行业协会发挥了重要的作用。相对而言，我国工程咨询行业协会成立时间较短，在管理、制度建设、行业服务等方面仍存在一定差距。在我国，行业协会工作重点主要是考证培训、评优颁奖、替企业广告宣传等，在指导、监督方面作用发挥不充分。因此，行业协会应发挥其指导、监督作用，加强自身建设，推动行业发展，提高行业地位，更好地为企业提供优质服务。

（1）加强对工程造价咨询企业的资质管理和个人资格认证。英国等发达国家更看重个人资格而不是企业资质，我国应与国际接轨，摒弃终身制的个人执业资格认证，每几年进行一次执业资格认证，从业人员需参与技能和道德培训，并将个人信用纳入执

业资格考核。

（2）推广担保、职业责任保险等制度。行业协会推广担保制度有利于促进工程造价咨询企业提高自身的业务素质，提升整个行业的信誉水平。行业协会应宣传工程造价咨询职业责任保险，提高执业人员的风险意识，并建立风险管理信息中心，鉴定工程造价责任风险事故。

（3）制定会员考核标准（包括单位会员和个人会员），完善进入和退出机制，对会员进行监督考评，规范行业秩序。当前与工程行业相关的咨询协会，只有会员申请入会方式，缺乏对会员的考核及入会审核标准。建议注重会员继续教育，注重技术创新，规范技术标准，做好推广工作（经验、成果），并在进入和退出两个关口，充分建立良好的约束制度。

（4）加强信息管理。如行业协会可以组织力量，对相关国家政策信息、工程项目信息按类别汇总整理。

（5）构建现代化网络信息平台。如英国土木工程师学会（ICE）建立了电子图书及学术论文期刊数据库，可供学会会员随时查阅相关数据资料；美国的建筑师学会构建会员零障碍交流平台，会员的诉求能及时获得协会的帮助。

5.2.2　发挥行业协会的协调作用

行业协会是政府和企业之间不可替代的"使者"，同时也是仅次于政府，与国际同行业沟通交流的非官方主力，承担着对内、对外的桥梁作用。

1）增强与国外行业协会的交流协作，对国际上行业协会先进的管理经验加以研习（见表5-2）。

（1）强化与国外行业协会，或国际行业组织互动，推动我国标准"走出去"，实现我国资质与国际资质的互认。造价工程师作为中国在造价行业持证执业者，是中国造价咨询"走出去"战略中的主要承担者，行业协会需要积极推动造价工程师执业资格的国际互认。目前内地造价师与香港测量师已实现互认，建议后续进一步推动与"一带一路"国家和地区执业资格的互认。

（2）推动国内企业和国外（或境外）企业互派专业技术人员到对方单位，进行工作方法、工作经验和业务管理经验的学习和交流，时间至少半年以上。

2）发挥好企业与政府之间的桥梁作用，及时将企业需求、问题反映给政府；同时为政府提供切实可行的政策建议。

表5-2 国外部分工程咨询行业协会工作内容

组织名称	工作内容
英国皇家特许测量师学会（RICS）	1. 制定行业标准、规范行业行为； 2. 为政府机构出谋划策、为会员提供专业服务； 3. 授权大学组织培训和促进行业发展等
美国工程公司协会（ACEC）	1. 为会员提供资料（书籍、录像带等）； 2. 提高企业业务水平，扩大企业商机
美国建筑师学会（AIA）	1. 搭建会员交流平台，为会员提供继续教育； 2. 根据项目管理模式的不同，起草、修订相应的合同文件、协议书
英国工程咨询协会（ACE）	1. 以协会组织的名义，促进工程咨询行业的服务推广； 2. 设立各种渠道（出版物、网站、个人联系等）指导会员及行业发展； 3. 行业协会各部门组织分工明确，为会员单位提供各方面的支持； 4. 注重对青年咨询工程师的培养
英国土木工程师学会（ICE）	1. 专业的学术组织，旨在提升行业的创新能力； 2. 注册资质教育及评定； 3. 制定行业内的规章制度； 4. 拟定合同条件及标准合同格式

5.3 企业层面策略建议

对于想"走出去"的工程造价咨询企业，首要问题是明确企业重点战略方向。其具体内容是指企业根据环境变化，依据本身资源和实力选择适合的经营领域和产品，形成自己的核心竞争力，并通过差异化在竞争中取胜。根据前文对我国工程造价咨询企业"走出去"面临的问题分析以及 SWOT 分析，我国工程造价咨询企业要取长补短，尽快实现"走出去"的目标。

5.3.1 重视和加快工程造价咨询复合型和国际化人才的培养

工程造价咨询企业需要具备技术、经济、管理和法律知识体系的复合型人才，而我国造价咨询企业从业人员素质参差不齐，复合型人才短缺。同时，工程造价咨询企业"走出去"不仅需要复合型人才，还需要能处理国际事务的国际型人才，我国工程造价咨询企业，可以从以下三方面着手加快复合型国际化人才队伍的建设和培养：

1）复合型国际化人才的培养

（1）积极参加国际业务培训，做好国际化人才培养。

积极参加中价协组织的内地造价工程师与香港工料测量师资格互认培训、FIDIC 咨询工程师培训、国际工程项目管理培训；积极参加中价协等协会或政府机构定期组织的专业人员国际咨询交流活动，加快国际化工程造价咨询人才的培养，为工程造价咨询企业"走出去"的人才储备打下坚实基础。

（2）积极参加政府主导、协会推动的对外交流和学习。

选派外语好、业务优秀的骨干专业人员到国际化的工程造价咨询公司进行交流学习，时间可半年甚至一年以上，参与跟踪一、两个项目不同阶段的咨询工作，全面了解和学习国际工程造价咨询企业的运作模式、人才培养方式、业务操作流程、工作方法等经验和做法。

（3）建立层次分明、持续有效的社会人才培养体系。

首先，对员工进行分类培训，如造价专业人才主要培养其BIM技术和信息化技术应用和处理能力；财务类人才主要培养其处理国际法律、财务等事务的能力；管理人员要精通当地风俗人情和当地其他企业的运作模式，准确把握企业方向。其次，所有人员都需要具备一定的外语水平，可进行此方面培训并定期进行外语等级评定。最后，对目标国或地区，可提前选派经验相对丰富的专业人员入驻，了解当地市场情况、政治环境以及本土技术水平。

（4）与学校建立长期有效的人才培养合作关系。

充分发挥专业院校的培养优势，通过与高校建立系统完善的人才培养体系，有计划、系统性地培育企业所需人才。与高校合作设立专门的国际化人才培养班和专门的教学团队，教学团队以企业骨干员工和高校各领域专业人士为主。制定目标人才所需具备能力的培训计划，培养具备技术、经济、管理、法律以及外语应用能力的综合性人才；组织学员去企业进行实战练习，深化专业知识的运用能力。

2）国际化和复合型人才的引进

人才的内部培养需要花费较长的时间，而直接引进外部人才，能快速解决国际型人才短缺问题。工程造价咨询企业除了招收工程方面的专业人才外，还要招收如法律、金融、软件、设计等方面的专项人才，以配合国际业务的开展。丰富企业国际化人才获取方式，"培养原有企业人才＋引进国际人才"双管齐下，如重视海外人才的聘用，实现项目的属地化经营等。

3）创新企业人才薪酬、选拔制度

注重对企业人才的人文关怀，不仅重视培养人才，更要留住人才，尤其是高层次人才，为企业优秀人才营造一个体现价值、积极发挥作用的空间。

5.3.2 建立职业责任保险制度，提高工程造价咨询行业信誉度

目前，我国工程造价咨询企业大部分为有限责任公司，注册资金一般为几十万元。按照法律规定，这些单位所承担的经济责任以注册资金为限，一个以几十万元为限承担经济责任的单位，却从事着上百万元、千万元，甚至上亿元工程造价咨询业务，很显然权力与责任不匹配。因此，存在部分工程造价咨询公司及从业人员不顾业务质量，钻法律的空子，索取其本不应该得到的超额经济利益。国外的工程造价咨询机构一般投保职业责任保险，可以解决大多数工程造价咨询机构不愿意也无力承担赔偿责任的问题，提高工程造价咨询企业风险承担能力，提高行业信誉度。

所谓职业责任保险，是指承保各种专业技术人员因工作上的疏忽或过失造成合同对方或他人的人身伤害或财产损失的经济赔偿的保险。职业责任保险明确了业主、第三方、造价师三方"责、权、利"的关系，有效地维护了各方的利益。投保了职业责任险，对于由造价师原因造成的损失，业主和第三方可从保险公司获取合理的赔偿，造价咨询企业也可借助保险公司去应对业主和第三方的索赔、责任纠纷等问题，避免自身陷入这种耗时耗财的责任风险事务中；投保了职业责任险，当造价咨询企业屡出错误时，保险公司就将提高其保险费率，当保险费率高到一定程度时，造价咨询企业就无法再承接业务而被自然淘汰出局。

5.3.3　健全工程造价咨询运行机制

工程造价咨询作为知识型、融智型的产品，要保障人才和经验知识的持续，企业的运行机制必须围绕这两点核心因素展开。下面重点从激励机制、约束机制、知识管理机制、三个方面展开论述。

1）激励机制

激励机制其根本目标是把个体行为的外部性内部化，最大限度地克服人的机会主义倾向和惰性行为，发挥个人的最大潜能。

旧有的金字塔式的组织结构模式下，存在诸多问题：员工的激励机制以职位晋升为最大的激励因素；部门目标至上造成激励的非全局性，缺乏合作；制度权威造成激励的单一性等。

（1）国际通用的扁平化组织结构，其激励机制有如下特征：

① 以工作成果为导向。扁平化组织结构模式下，通过建立以工作成就为导向的员工激励机制，使员工更关注工作成就，这样不仅可以对员工产生持久的激励作用，而且对企业的持续发展也同样具有深远意义。

② 以组织总体目标为导向。由于组织结构扁平化，组织管理层次减少，部门目标与组织目标的一致性得以加强，员工与组织总体目标的距离也大大缩短了，建立以组织总体目标为导向的员工激励机制成为必然。

③ 以员工合作的工作方式为导向。组织结构扁平化扩大了部门的职能，加强了各部门工作的交叉性与交融性，工作团队、项目小组等跨部门的内部组织是经常采用的工作形式，在这种情况下，组织内部更加侧重对于工作团队而非员工个人的激励。

④ 以组织文化、组织氛围为手段。扁平化组织结构中，员工的工作内容丰富化、多样化，面对的工作氛围经常变换，对员

工的适应性与创造性有了更高要求，对于组织而言，应通过营造良好的组织文化、组织氛围来激励员工。

（2）为激发员工对工作的积极性和责任感，吸引并留住高端人才和资深员工。激励方式主要应从以下几点着手：

① 员工晋升路径设计。

随着工程造价咨询企业组织结构从层级型向扁平型转换，管理岗位大量减少，可供员工晋升的空间极其有限。即使在扁平化组织结构的企业中，虽然员工更关心的是工作成就，但是到达一定程度和阶段后，员工需求仍然会部分转移到晋升上来。因此需要设计一套适用于扁平化组织结构的工程造价咨询企业的员工晋升路径。

目前，随着业务团队合作的工作模式大量出现，企业中总经理下就是项目经理，按照项目类型或者客户需求来组织员工，而不再严格地按照职能来组织。此外，随着社会的进步，员工对自身职业发展成功的观念也在发生着变化。他们不再局限于以往直线式的职位晋升，而较多地偏向于工作上的成就感和自豪感。在这种背景下，企业应大力推行以下两种晋升路径：

横向晋升。企业应提倡和鼓励员工在本企业的多种项目类型或多种咨询服务产品或多个地区上进行横向调动。让员工可以从简单的住宅项目向复杂的综合体项目发展，从基础的工程量计算往全过程造价控制服务发展，从经济一般的地区往经济发达、项目价值大的地区发展。企业甚至可在章程中规定，员工能够有机会获得横向发展就是晋升，称之为"横向晋升"。这种晋升虽然没有带给员工职务上的升迁，但员工得到了经验的积累、自我价值的提升、薪酬的增加以及企业的认可。

专业分级制。企业除了部分管理岗位，可针对从事业务的专业技术人员设置多种职等、专业等级。这种晋升方式主要表现为企业员工职务资格的积累，不再单纯的是地位（职务）的变化，为解决扁平化组织结构中员工晋升提供可供选择的方式。

②薪酬制度设计。

有效的薪酬体系是与组织结构相匹配的。根据员工的晋升路径的设计，企业同时需要有对应的薪酬体系加以配合，以便促进相应制度的推行，提高员工的晋升积极性。薪酬制度设计从以下几个方面阐述：

一方面，由以职位为基础的薪酬体系向以技能、能力为基础的薪酬体系转变。传统的薪酬体系是以职位为中心构建的，员工的薪酬水平在很大程度上取决于其所在的职位。这种简单且看似公平的薪酬体系不能最大化地促进员工的工作积极性。随着组织结构的扁平化，薪酬体系的基础主要取决于专业技能和能力，技能和能力可以通过专业技术等级予以标准化和可比化。薪酬与技能和能力的高度关联，可以有效地激励员工不断努力地获取新知识、新技能，专注于在专业技术的晋升路径上发展。

另一方面，薪酬激励的侧重点应由个人向团队转移。扁平化管理后的工程造价咨询企业，由项目经理根据项目需要组成业务团队，这也使得工作产出和工作绩效更多表现在团队而不是个人。因此，扁平化组织的薪酬激励可突出对团队或群体绩效的考评和奖励。团队激励工资与扁平组织中的合作导向具有很强的匹配性，它避免了个人激励薪酬所导致的因员工间的过度竞争损害组织绩效的问题，使员工、项目团队、企业的三方利益趋于一致。

2）约束机制

合理的激励机制固然会提高企业员工工作的努力程度，从而提高企业绩效。但每个人都有"机会主义"心理，需要通过约束机制来消除这种隐患。因此约束机制与激励机制相辅相成，对立统一，必不可少。如何使业务"靠人"但又不完全"靠人"，就必须有系统完整的控制约束体系，提高人员业务操作的规范性，保证咨询服务的效率和质量。下面提出四点主要的约束制度：

（1）绩效考核制度。绩效考核制度为激励制度提供了标准和尺度，而激励则反馈了绩效考核的结果。

个人绩效考核要与项目贡献度和服务质量挂钩。在团队完成项目的整体考核基础上，员工在团队工作中的贡献度及完成任务的质量，是个人绩效考核的重要因素。这需要企业对常规项目进行拆分，项目开展需要哪些角色岗位，明确这些角色在项目中的重要性，每种角色完成自身工作的程度及完成质量的衡量标准，据此设计出一套个人绩效考核办法。同时留出针对特殊项目可进行修改的接口。

考虑到工程造价咨询服务的特殊性，绩效考核的内容主要包括：专业技能、沟通能力、团队合作能力以及职业道德等多个方面。

（2）信用评价制度。工程造价咨询企业应对其内部专业人员的履约记录、营业记录、资信情况等进行信用评级，可建立资料库，如"不良行为记录管理系统""良好行为记录管理系统"等，以促使企业员工自觉遵守企业的行为规范、自觉维护市场秩序，形成良好的职业道德，认真严谨地完成工程造价咨询和工程造价管理工作。对失信企业员工实行警示制度，建立诚信预警机制、失信惩戒机制，有效遏制各种违法违规行为。

（3）员工奖惩制度。对于连续数年绩效考核都较优秀、信用记录良好的员工，可以获得自然晋升专业技术等级的通道，无需与他人竞争。对于屡次绩效考核不合格、信用不良的员工，将其列入企业内部的"黑名单"。根据不合格的情况和严重性，"黑名单"中的员工，将在待遇和晋升等方面都受到一定的影响。例如由于个人违反职业道德或其他严重失误，给客户或公司带来重大损失，可以给予处分甚至开除。企业可将相关违法违纪情况上报行业协会，由行业协会将具体情况进行通报。

（4）质量管理制度。工程造价咨询服务属于技术服务，技术水平直接影响服务质量，进而影响客户满意度及企业的信誉和行业地位。质量管理制度是绩效考核的基础，用以控制员工出具成果文件、提供服务的质量。例如，三级审核制度：编审人员自校、项目负责人审核、技术总负责人审定的模式，通过多人多角度的审查及改进成果文件，以保证服务质量。回访与总结制度：通过对客户或项目参与方的回访，收集切实有用的建议与意见，从外部监督的角度提高企业的服务质量，同时企业内部通过参与人员分析总结，积累经验教训，达到提高员工业务能力、助力企业发展的目的。

3）知识管理机制

工程造价咨询行业属知识密集型行业，知识是其最重要的资源。英美等发达国家的工程造价咨询企业十分注重历史资料的积累和分析整理，并建立起一套造价资料积累制度。而目前我国的工程造价咨询企业，内部经验和知识等无形资产多数集中于少数资深员工头脑中，其余部分散落四处难以管理。因此建立知识共享机制，逐渐根除"专有知识"的传统旧观念，对员工的经验和知识进行系统管理，一方面让员工之间可以相互交流与共享，帮助新员工快速成长，提升员工的能力和价值；另一方面可以形成真正为企业所用的无形资产。下面主要从四个方面阐述如何建立知识管理机制。

（1）设立知识管理岗位。传统的导师制只能一定程度上实现知识的单一传承，而知识资本还是集中于个别员工，无法实现企业对知识的统筹管理。设立专人做专事，系统地管理企业知识资源，这种组织结构是知识经济时代组织结构变革的一个重要体现。

（2）建立知识网络体系。一是企业自身积累的各类项目及各类服务产品的经验数据和信息，经过加工处理形成有关联、可筛选、可供未来项目借鉴使用的功能型网络，例如不同类型项目的造价经济指标等。二是定期把通过各种途径获取的行业信息、市场信息、区域信息进行加工处理，形成企业或客户所需、常用的信息，例如价格指数等。三是储存记录企业技术骨干和外聘专家的业绩、专长等信息，能够快速查找匹配项目需求的人选专家库。

（3）知识共享激励机制。激励的重点就是要设计一个激励机制使知识拥有者在自然状态下选择最有利的行动，使博弈双方激励相容。例如将知识共享列入绩效考核范围，对于成功收录于知识管理体系的共享人员，给予一定的考核加分和资金奖励。

（4）形成知识共享及创新的企业文化。通过专业人员岗位的设置，知识管理制度的建设，知识管理体系的形成，知识共享激励的催化，使知识共享的理念深入企业发展的每个环节，形成一种良性循环的文化氛围。

5.4　我国工程造价咨询国际项目典型案例

5.4.1　案例介绍

自 2000 年以来，随着我国经济的高速发展，外商在国内投资的建设工程项目越来越多，其中大部分企业都有着丰富的管理经验，他们对工程造价咨询的服务需求不同于国内，均采用国际通行的工料测量标准，对于国内工程造价咨询机构要求较高。

中国建设银行大连分行自 2010 年开始，为荷兰凯丹集团在大连投资的凯丹天地项目提供工料测量服务，通过该项目的经验积累，对国际通行的工料测量服务特点、内容、流程等有了较深的理解，也为下一步拓展海外市场，打下了基础。

（1）企业及项目概况

凯丹集团总部设在荷兰，分别在阿姆斯特丹证券交易所和特拉维夫证券交易所上市。经过多年发展，凯丹集团已形成房地产经营开发，基础设施建设和金融服务 3 大主营业务板块。早在 2010 年凯丹集团在全球就拥有 59.9 亿欧元的总资产，在全球 40 多个国家设有分公司。2005 年凯丹集团进军中国市场，其战略重点是中国二三线城市商务地产和居住地产的开发与运营。目前凯丹置地在成都、西安、大连等城市投资了多个项目，涵盖了 300 多万 m^2 的商业及住宅物业，总投资超过 25 亿美元，现已晋升为目前在中国发展势头最猛的外资开发商之一。

大连凯丹天地是大连引入的第一家欧洲购物中心。凯丹天地由商务办公、精装公寓、国际公馆与时尚购物等 4 大主要产品构成，并且为大连稀有的地铁上盖、多元化城市功能聚合体，项目位于东港 CBD 商务区，占地面积 66000m^2，总建筑面积 325886m^2。项目共分为三个阶段交付，第一阶段包含地下停车场 109441m^2，商业建筑 104661m^2，SOHO 中心 41675m^2；第二阶段服务式酒店 26499m^2；第三阶段为豪华公寓 42686m^2，高级会所 924m^2。项目总投资约 28 亿元，其中建安投资约 16 亿元。

（2）荣获奖项

大连凯丹天地项目在 2014 年国际房地产大奖评比中，从 100 多个项目中脱颖而出，一举夺得 "亚太地区最佳商业建筑开发项目" 大奖。"国际房地产大奖" 设立于 1995 年，由国际房地产组织举办，有"房地产界奥斯卡"的美誉。2008年起，该奖增设亚太区奖项，中国区只有凯丹广场项目获此殊荣。

凯丹天地C3高级会所荣获美国绿色建筑委员会LEED金奖预认证。项目秉承低碳环保的国际理念，通过可持续发展规划的选址，可再生资源的有效利用以及各种绿化设计和技术，设置建筑垂直绿化和城市公园的多维自然景观与功能，创建自然的空间，将绿色设计、可持续发展理念带到一站式生活体验中。

（3）国际顾问团队

- 项目管理公司：美国仲量联行；
- 工料测量：中国建设银行大连分行；
- 建筑设计公司：美国LLA公司；
- 结构顾问：美国德西蒙咨询公司；
- 道路设计：美国帕森斯布林克霍夫公司；
- 景观设计公司：美国SWA公司；
- 室内设计：美国Gettys公司；
- 灯光照明：美国CD＋M公司；
- 标识设计：美国RSM公司；
- 绿色环保认证顾问：美国Burro Harpold公司；
- 工程监管：美国SSOE公司；
- 外立面顾问：澳大利亚澳昱冠工程咨询公司。

（4）工料测量服务特点

首先，本项目业主所选择的顾问团队，除了工料测量选用本土咨询机构，其他均选用的国际化顾问公司。这就要求工料测量咨询机构必须可以与这些国际化公司正常沟通交流，提供中英文双语服务。

其次，工料测量机构需要把国际顾问的建议和国际惯例与国内通行办法相融合，并遵守国内的法律法规等，以便在招投标、合同履行阶段顺利开展各项工作。业主对于工料测量服务要求较高，无论是响应时间、提供成果偏差，还是材料市场信息支持等均按国际通行惯例严格要求。

最后，为了配合好业主和国际顾问团队，需要工料测量服务机构人员对 BIM 技术、LEED 认证技术标准等熟练掌握。

（5）工料测量服务内容

该项目的每一阶段业主都要求全面的工料测量顾问服务，工料测量顾问参与每一阶段的信息收集和专门研究的讨论。

- 为每一项目阶段准备成本计划；
- 针对不同的设计、材料、系统和方法作成本比较；
- 以正负 10% 的精确度估计成本；
- 详细的成本计划和监督帮助以及引导在认可的预算范围内进行设计；
- 预测和报告现金流状况；
- 工程设计选择上实施价值工程，使投入产出比最大化；
- 与国内近期完工的规模相似的项目进行比较；
- 对承包、招标过程和采购选择给出合理建议；
- 为各标段准备工程量清单、标底及清标工作；
- 为不同的承包商提供各类合同并给出对合同条款的建议；
- 出席招标会和合同谈判；
- 对投标和与投标人的商讨进行分析，并提供分析报告；
- 核实和签署工程进度款，包括现场测量，定期报告预测经费和最终成本；
- 编制各种估算，并协助项目经理参与各类谈判；
- 追踪支付事宜，并给出未来三个月资金投入的建议；
- 预算控制和追踪以及定期报告；
- 工程结算收尾；

● 所有由成本顾问提供的文件和报告都需要用中文和英文两种语言呈递。

（6）工料测量服务实施流程

① 项目前期。

对开发的地块进行市场分析、开发成本测算及收益预测，出具项目投资分析报告；根据业主的管理要求和项目的特点，进行项目的组织流程和信息流程规划。如果项目有融资需求，则提出融资分析报告。

② 设计阶段。

编制各种设计方案的估算供委托方参考；根据扩初设计编制概算以确定项目总建安造价；根据调整概算编制现金流量表（用款计划）。

③ 招标阶段。

根据项目特点和业主要求编制合同规划，并根据合同规划编制招标计划；编制工程量清单及招标文件；提供标底供业主参考；做回标分析及澄清问卷；协助业主询标及合同、报价上的谈判；准备中标通知书及合同文件。

④ 施工阶段。

查看现场、了解施工进度及工地重大事项，并按此提供中期付款建议；分析工程变更、提出其是否构成工期延误及费用增减的意见，计算变更金额并报委托方审核，而后同施工单位达成一致意见；提供考虑中的设计变更预评估供业主决策；在合同框架下审核、评估及协助业主处理索赔事项；合同交底及参与工地例会，当场作合同的澄清；每月编制一份造价报告。

⑤ 竣工决算及保修阶段。

编制竣工决算书；提供工程缺陷的造价评估及扣款意见；发出最后的保修金付款建议；提供造价指标分析报告；工料测量顾

问工作总结报告。

⑥ 服务成果汇总。

自 2010 年至 2016 年，设计阶段累计出具各产品投资分析报告 36 份；依据设计成果出具正式项目投资估算 4 版；价值工程评估 197 项；招标工作 21 项；签署工程施工合同 51 份，金额 10.8 亿元；审核工程进度款 493 次；审核工程变更 733 份，核减资金 5980 万元，平均核减率 29%。

5.4.2　案例总结

1）工料测量服务与国内造价服务对比

工料测量服务在服务理念、服务方式、服务内容方面均与国内传统的咨询服务存在较大差异。

（1）服务理念方面，更倾向于一种顾问式服务，在设计阶段，工料测量顾问要依托于大量类似项目经验数据，并协同其他顾问团队，帮助业主优化设计方案、进行价值工程比选、确定设计材料具体规格型号等。

（2）服务方式上，最基本的服务语言为英语，凡是有外籍人员参与的会议语言均为英语，所有的分析报告、测算结果等均需用中英双语呈现。但在工程施工合同的编制上，则以中文为主（合同实施在国内，承包商基本为国内企业，一切法律诉讼、仲裁等均需用中文呈现）。

（3）服务内容方面，与国内的全过程造价咨询各阶段服务内容基本类似，但在各阶段比重方面存在差异。外资业主在设计阶段投入的精力与时间比重更大一些，一旦设计最终确定，基本项目的预算、计价模式、标段划分、施工计划等也就完成。在实施阶段，业主更加注重计划的执行力，严格按照目标计划实施。

在整个服务过程中，各设计团队、工料测量顾问团队、工程管理团队都紧密围绕着投资人，对每一项进展均需提供意见，以确保项目实施得到有效控制。

2）国内外咨询机构竞争力分析

对于外资公司，服务外资项目主要优势包括语言优势、先进的管理理念、完善的制度体系（包括工料测量责任保险）、优良的服务意识以及高素质人才。对于国内咨询企业，其优势主要在于积累一定的大型工程项目服务经验、较低的人力成本、较为完善的造价管理体系和标准。

我国工程造价咨询企业要想实施"走出去"战略，还需要在熟练掌握英语能力、国际通行的工程造价管理模式、国际通用的合同体系等方面下功夫，以缩小与国外公司的差距，同时还要通过各种方式积累更多的国际项目实践经验。

第6章 结论与展望

6.1 结 论

本书通过介绍国内外工程造价咨询行业的发展现状,在分析我国工程造价咨询企业"走出去"所面临的问题、优势和劣势、机会和威胁等基础上,结合工程造价咨询"走出去"面临的各种风险及实现路径,从政府、协会以及企业三个层面提出推动我国工程造价咨询"走出去"的策略建议,为正在或即将"走出去"的工程造价咨询企业提供决策参考。概括来讲主要有以下四方面的研究结论:

6.1.1 "走出去"是我国工程造价咨询发展过程的必然选择

建筑业贯穿投资和贸易两条主线,具有生产驱动和采购驱动双重特征,是实施"走出去"战略的排头兵。过去我国依赖于丰富的劳动力资源,建筑劳务率先"走出去";随后我国工程承包也相继"走出去"。新时代,建筑业"走出去"应坚持"新发展理念",工程造价咨询处于建筑业"技术密集型"的产业链上游,"走出去"服务国外建设项目,是更高层次的建筑业"走出去",也是工程造价行业结构调整和产业升级发展的需要,更是培育具有国际竞争力的工程造价咨询企业的需要。

6.1.2 我国工程造价咨询"走出去"问题与机遇并存

工程造价咨询行业在西方发达国家已有上百年的历史，并伴随着市场经济的发展而发育成熟，我国工程造价咨询如要按国际惯例的模式"走出去"，存在业务范围单一、商业模式相对落后、信息化管理和应用程度低、复合型和国际化人才缺乏、计价模式市场化程度低等方面的问题。

机遇方面，现阶段我国工程造价咨询已形成较为庞大的产业、有大型和特殊工程的实践经验、有中国特色的"混合经济模式"和"一带一路"倡议的推动和实施，以及亚投行的组建和运作，为我国工程造价咨询"走出去"奠定了基础、提供了机遇。对于中国自己投资承建、有主动话语权的项目，特别是项目所在地是造价管理水平相对较低的国家，可以"走出去"推广我国计价标准和工程项目管理制度，扩大我国工程造价咨询行业的影响力。

6.1.3 结合工程造价咨询企业实际，实现工程造价咨询在不同地区和不同路径的"走出去"

区域选择方面，我国工程造价咨询企业应根据企业自身的综合实力、组织结构、管理体系、人力资源、企业文化等各种因素，结合我国对外政策及海外投资建设热点，从选择服务于技术水平相对落后的发展中经济体逐步过渡到发达国家地区为区域作为大方向，优先选择对外承包工程集中以及"一带一路"倡议沿线国家或地区，充分利用地理优势、资源和政策优势，有针对性地选择部分发达国家地区；模式选择方面，本书提出了第三方复核方式、服务总承包企业方式、外部合作方式、外部分包方式、设立独资或合资方式、服务延伸和扩展方式、联合经营和并购重组等七种"走出去"的路径，我国工程造价咨询企业可结合自身实际，选择适合自身情况的工程造价咨询"走出去"路径。

6.1.4　从政府、行业协会与企业层面协同应对我国工程造价咨询"走出去"

（1）我国工程造价咨询"走出去"离不开政府的支持和推动，建议政府重点做好以下八方面工作：

一是成立专门负责海外工程造价咨询事务的机构，推动我国工程造价咨询"走出去"；二是设立国际工程造价咨询等咨询类专项基金、海外工程风险基金等，降低工程造价咨询企业"走出去"的风险；三是简化工程造价咨询企业的外汇审批流程，降低企业汇兑管理成本；四是工程造价咨询企业"走出去"初期，由于收益较少，政府可相应给予补助，补助的形式包括税费减免、财政贴息、财政拨款以及税收返还等形式，解决企业前期资金投入较大的问题；五是设立庞大的商业信息服务网络，为工程造价咨询企业提供信息支持；六是加强中外标准衔接；七是为工程造价咨询骨干人员提供出入境工作的便利条件；八是为工程造价咨询企业提供风险提示和指导风险解决方法等。

（2）我国工程造价咨询"走出去"离不开行业协会的支持和引导，建议行业协会重点做好以下六方面工作：

一是成立协会的国外机构，引导和协助工程造价咨询企业"走出去"；二是增强与国外行业协会的交流协作，对国际上行业协会先进的管理经验加以研习；三是推广担保、职业责任保险等制度；四是制定行业标准、规范行业行为；五是制定会员考核标准（包括单位会员和个人会员）；六是发挥好企业与政府之间桥梁的作用，及时将企业需求、问题反映给政府，同时为政府提供切实可行的政策建议。

（3）我国工程造价咨询企业为了实现"走出去"，建议企业重点做好以下三方面工作：

一是重视和加快造价咨询复合型和国际化人才的培养，人才是第一资源，工程造价咨询"走出去"不仅需要复合型人才，还需要能处理国际事务的国际型人才；二是建立职业责任保险制度，提高咨询行业信誉度；三是健全工程造价咨询运行机制。

6.2 展 望

随着全球经济一体化趋势的加快，以及我国经济实力的持续增强和国际影响力的不断提升，建筑类国际工程企业主动参与全球竞争的意愿强烈，并且已承接了大量国际工程项目的建设，为提升我国在全球经济中的地位发挥了重要的作用，也为中国工程造价咨询企业国际化提供了良好契机。

"一带一路"倡议实施更为我国工程造价咨询企业走出国门提供了难得的历史机遇。"一带一路"经济带横跨了60多个国家，涵盖全球约65%的人口，这些国家目前占全球生产总值的三分之一、占全球商品及服务生产量的四分之一，非常有可能成为全球最大的跨区域合作平台。"一带一路"倡议的实施，能够积极推动沿线各国基础设施建设的加快发展，必将带动中国工程承包公司和造价咨询企业更加全面地走向世界舞台，"中国标准"也有望随着国家"一带一路"倡议走出去。

同时，也应该清醒地认识到，与世界发达国家的工程造价咨询行业相比，我国工程造价咨询企业在标准、管理、文化、合作、融资和规则等方面还存在很多不足。目前，我国缺乏真正意义"走出去"的工程造价咨询企业，也尚未建立工程造价咨询"走出去"的良好基础，我国工程造价咨询企业"走出去"任重道远。工程造价咨询"走出去"是一个动态变化且复杂的课题，需要持续给予关注。